潜水士試験はこの1冊でまるわかり

潜水士（せんすいし）試験 まるわかりテキスト&問題集

令和5年版

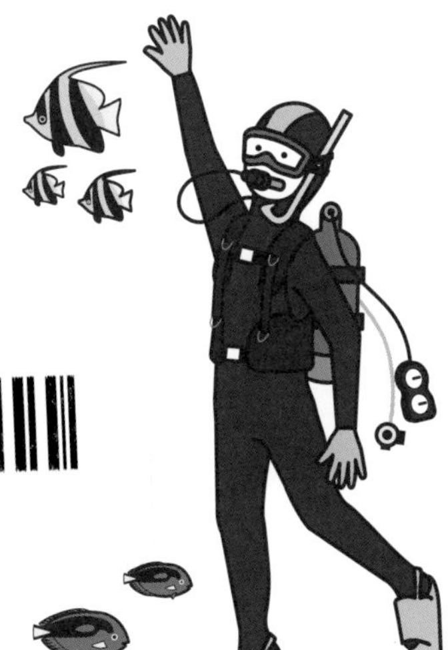

➡ はじめに

本書は、（公財）安全衛生技術試験協会が公表している潜水士試験を令和５年度から平成29年度までの６年間、計12回分程度の問題の内容を実際の試験科目と同様に大きく４つの章に分け、更に細かく項目を分けて収録しています。

※本書の関係法令の内容は、令和５年５月の法令等をもとに編集しています。

各項目のはじめに、その項目に分類される出題問題を解くために知っておくべき必要最小限の内容をテキストとしてまとめており、テキストの後には内容の確認のため「ここまでの確認!! 一問一答」や「Check! ここで計算問題をチェック」を収録しています。更に、各章の最後には総仕上げとして、令和５年４月公表問題から過去５回分程度の過去問題「過去問題で総仕上げ」を収録しています。そして、過去問題の後には解答・解説として、その問題文がなぜ誤っているのか、また該当する法令等をまとめました。

過去問題文には、［R5.4］などと記載しています。これは、令和５年４月に公表された問題を表しています。［R4.10/R3.4］とあるのは、令和４年10月公表問題と令和３年４月公表問題が同じ問題・選択肢であることを表しています。また、［R3.10改］とあるのは、公表問題の内容をチェックし、問題が不成立になる場合に整合性をとるために手を加えた問題を表しています。

各章の最後には「覚えておこう」として、赤シートを活用しやすく、短時間で要点を確認できる一覧を掲載しています。

項目ごとにまとめているため頭の中で整理しやすく、「覚える」→「問題を解く」→「正解･解説を確認する」→「覚える」を繰り返すことで、意識せずに覚えて、解くことができます。また、何度もチャレンジすることで、試験合格が可能となります。

各項目等には、学習チェック☑☑☑を用意しています。項目内容や問題を理解した場合にチェックしたり、何巡目であるかの記録など用途はいろいろありますので、使いやすい方法でご活用ください。

令和５年６月　公論出版編集部

もくじ

第1章　潜水業務

第2章　送気、潜降及び浮上

第3章　高気圧障害

第4章　関係法令

第1章
潜水業務

1　圧力と浮力
2　気体に関する法則
3　気体の特性と性質
4　水中における光や音
5　潜水の種類及び方式
6　潜水業務の危険性
7　潜水事故
8　特殊な環境下の潜水

1　圧力と浮力

学習チェック ☑☑☑

圧力と気圧

①圧力

圧力とは、単位面積当たりの面に**垂直方向**に作用する力で、単位はPa（パスカル）になります。

②気圧

気圧とは、気体の**圧力**のことをいいます。

単に気圧という場合は、大気圧のことを指す場合があります。

1気圧は国際単位系（SI単位）表すと、**約101.3kPa**又は**約0.1013MPa**となりますが、潜水士試験では、1気圧=**0.1MPa**で考えます。

1気圧は次のような関係があります。

1気圧=**1atm**（アトム）=**1bar**（バール）=**0.1MPa**=1kg/cm^2

水中での圧力

水中では大気圧に加え水圧が加わります。

水深が10m深くなるごとに**1気圧（0.1MPa）**ずつ**増加**します。水深10mでは、大気圧1気圧+水圧1気圧で**2気圧**、水深20mでは、大気圧1気圧+水圧2気圧で**3気圧**になります。よって、深く潜水するほど気圧が**大きく**なっていきます。また、「**0.1MPa×水深（m）+1**」によっても求めることができます。

水深が同じであれば、潜水者の受ける圧力は海水中より淡水中が**わずかに小さく**なります。これは海水の密度（1.025g/cm^3）が水の密度（1g/cm^3）に比べ少し大きいからです。

●水深と気圧

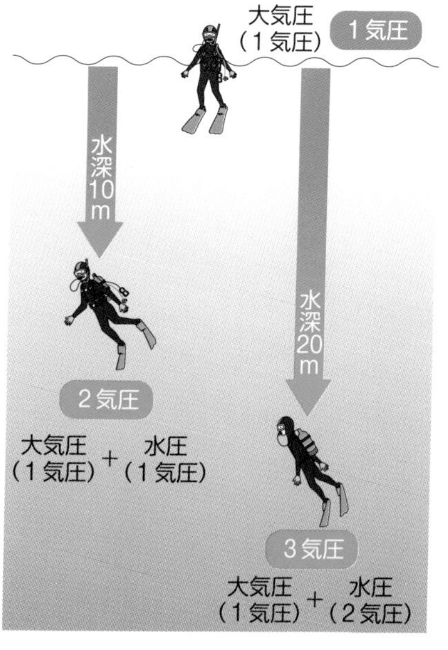

静止している流体中の任意の一点では、**あらゆる方向**の圧力がつりあっています。

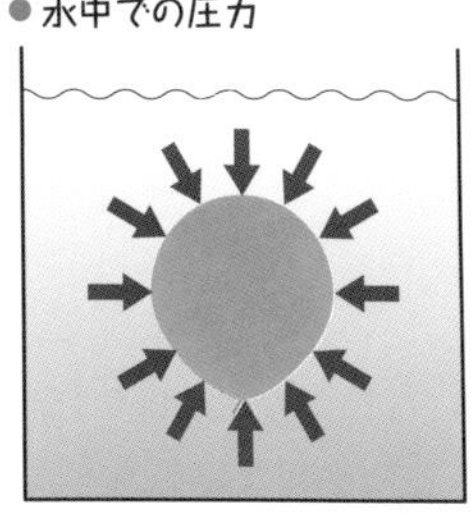

●水中での圧力

➡ 絶対圧力とゲージ圧

①絶対圧力

絶対圧力とは、絶対真空を基準とした圧力をいい、大気圧とゲージ圧の和でもあります。

　　絶対圧力＝**大気圧＋ゲージ圧**

②ゲージ圧力

ゲージ圧力は、絶対圧力から大気圧を引いたものをいいます。

　　ゲージ圧＝**絶対圧力－大気圧**

潜水業務において使用される圧力計には、**ゲージ圧力**で表示されます。

➡ 浮力

浮力とは、水中にある物体が、水から受ける**上向き**の力をいいます。

水中にある物体は、これと同体積の水の質量（重量）に**等しい浮力**を受けます。よって、**浮力＝質量（重量）**ともいえます。

また、水中にある物体の質量（重量）が、同体積の水の質量（重量）と同じ場合は、**中性浮力**の状態になります。

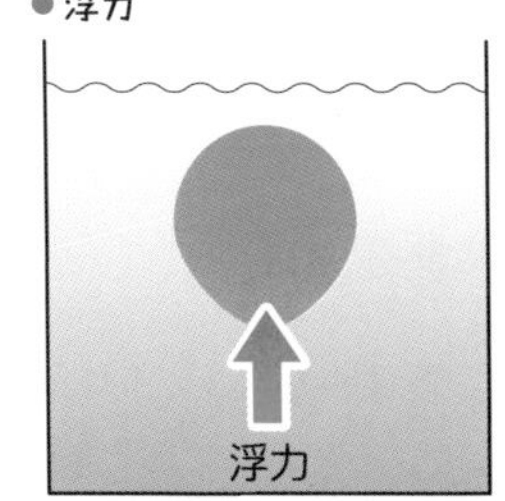

●浮力

淡水中と海水中で同一の物体が受ける浮力は、淡水中に比べてわずかに密度が**大きい**海水中の方が、浮力もわずかに**大きく**なります。

浮力は物体の体積に比例するため、圧縮性のない物体は水深によって浮力は**変化しません**が、圧縮性のある物体は水深が深くなるほど体積が小さくなり、浮力も**小さく**なります。ただし、重心の位置などは関係しません。

ここまでの確認!! 一問一答

問1 学習チェック ☑☑☑ 圧力は、単位面積当たりの面に垂直方向に作用する力である。

問2 学習チェック ☑☑☑ 水深が同じであれば、潜水者の受ける圧力は海水中より淡水中がわずかに小さい。

問3 学習チェック ☑☑☑ １気圧は国際単位系（SI単位）で表すと、約101.3kPa又は約0.1013MPaとなる。

問4 学習チェック ☑☑☑ ゲージ圧力は、絶対圧力から大気圧を引いたものである。

問5 学習チェック ☑☑☑ 水深20mで潜水時に受ける圧力は、大気圧と水圧の和であり、絶対圧力で0.2MPaとなる。

問6 学習チェック ☑☑☑ 水中にある物体は、これと同体積の水の重量に等しい浮力を受ける。

問7 学習チェック ☑☑☑ 海水中にある物体が受ける浮力は、同一の物体が淡水中で受ける浮力より小さい。

問8 学習チェック ☑☑☑ 同じ体積の物体であっても、重心の低い形の物体は、重心の高い形の物体よりも浮力が大きい。

解答1 ○

解答2 ○ 海水中より淡水中のほうが密度が**小さい**ためである。

解答3 ○

解答4 ○

解答5 × 水深20mの絶対圧力は、水圧（ゲージ圧）0.2MPaに大気圧0.1MPaを加えて**0.3MPa**になる。

解答6 ○

解答7 × 海水中のほうがわずかに密度が大きいため、淡水中よりも浮力が**大きく**なる。

解答8 × 浮力は体積によって変化するため、重心の違いでは**変化しない**。

Check! ここで計算問題をチェック

問 1 学習チェック ☑☑☑

体積600cm^{3}で質量が400gの木片が右の図のように水面に浮いている。この木片の水面下にある部分の体積は約何cm^{3}か。

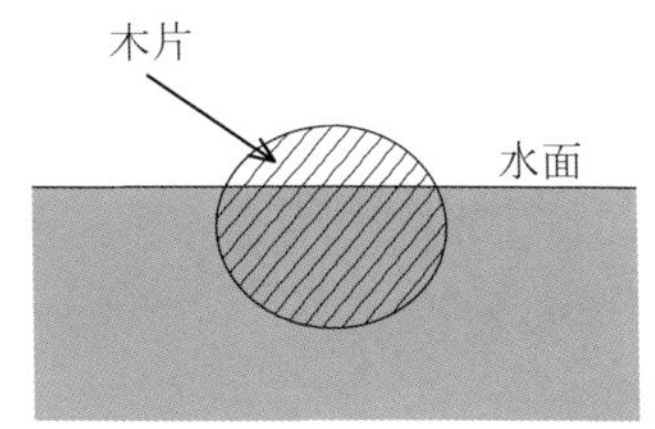

（1）300cm^3　（2）325cm^3
（3）350cm^3　（4）375cm^3
（5）400cm^3

問 2 学習チェック ☑☑☑

右の図のように、質量50gのおもりを糸でつるした、質量10g、断面積４cm^2、長さ30cmの細長い円柱状の浮きが、上端を水面上に出して静止している。この浮きの上端の水面からの高さhは何cmか。ただし、糸の質量及び体積並びにおもりの体積は無視できるものとする。

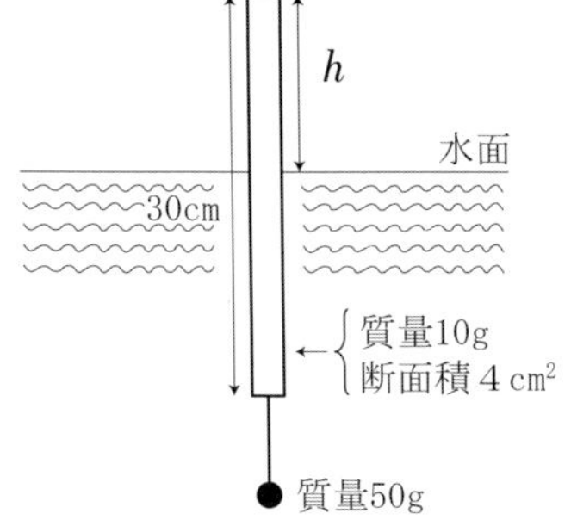

（1）10cm　（2）12cm
（3）15cm　（4）18cm
（5）20cm

問 3 学習チェック ☑☑☑

体積50cm^{3}で質量が400gのおもりを右の図のようにばね秤に糸でつるし、水に浸けたとき、ばね秤が示す数値に最も近いものは次のうちどれか。

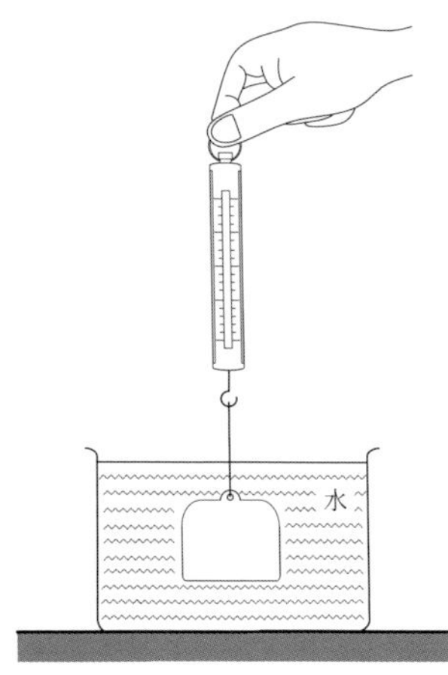

（1）300g
（2）325g
（3）350g
（4）375g
（5）400g

解答1（5）

木片は、上端を水面上に出して静止しているため、木片の質量は浮力と同じになる。木片の重さは400g、木片の浮力も400gとなる。

次に水面下の木片の体積を求める。

$$水面下の木片の体積=\frac{浮力}{水の密度}$$

$$=\frac{400\mathrm{g}}{1\,\mathrm{g/cm^3}}=\mathbf{400cm^3}$$

解答2（3）

浮きは、上端を水面上に出して静止しているため、浮きの質量は浮力と同じになる。したがって、浮きの浮力は、60g（おもりの質量50g＋浮きの質量10g）となる。

水面下にある浮きの体積を求める。

$$水面下にある浮きの体積=\frac{浮力}{水の密度}=\frac{60\mathrm{g}}{1\,\mathrm{g/cm^3}}=60\mathrm{cm^3}$$

水面下にある浮きの体積が$60\mathrm{cm^3}$で、断面積が$4\,\mathrm{cm^2}$のため、水面下の浮きの長さは次のとおりになる。

$60\mathrm{cm^3}\div 4\,\mathrm{cm^2}=15\mathrm{cm}$

よって、浮きの上端の水面からの高さは次のとおりになる。

浮きの上端の水面からの高さ（h）＝浮きの全長－水面下の浮きの長さ

＝30cm－15cm＝**15cm**

解答3（3）

流体中の物体は、その物体が押しのけている流体の質量が及ぼす重力と同じ大きさで上向きの浮力を受けるため、体積$50\mathrm{cm^3}$のおもりを水の中に入れると次のとおりになる。

体積$50\mathrm{cm^3}$×水の密度$1\,\mathrm{g/cm^3}$＝50g

したがって、浮力も50gとなり、ばね秤が示す数値は次のとおりになる。

おもりの重量－浮力＝400g－50g＝**350g**

2　気体に関する法則

学習チェック ☑☑☑

➡ 気体に関する法則

①ボイルの法則

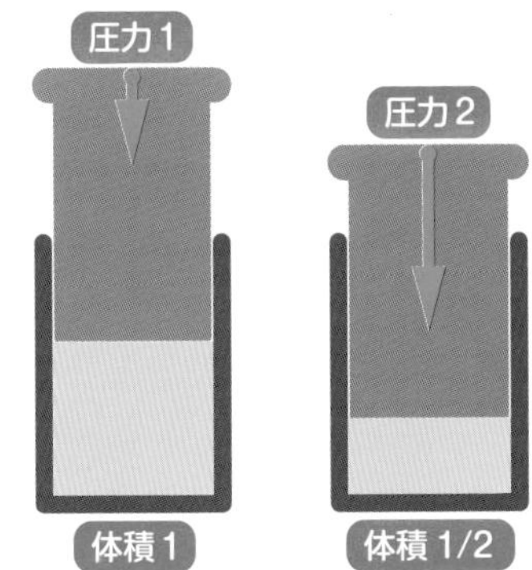

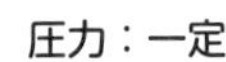

ボイルの法則は、「温度が一定のとき、気体の体積（V）は圧力（P）に**反比例**する」というものです。

$$V=\frac{[一定]}{P}\quad または\quad P\times V=[一定]$$

気体の体積は、圧力が**高くなる**と体積は**減少**し、圧力が**低くなる**と体積は**増加**することがいえます。

例えば、温度が一定のとき、圧力を**2倍**にすると体積は**2分の1**になり、圧力を**2分の1**にすると体積は**2倍**になります。

②シャルルの法則

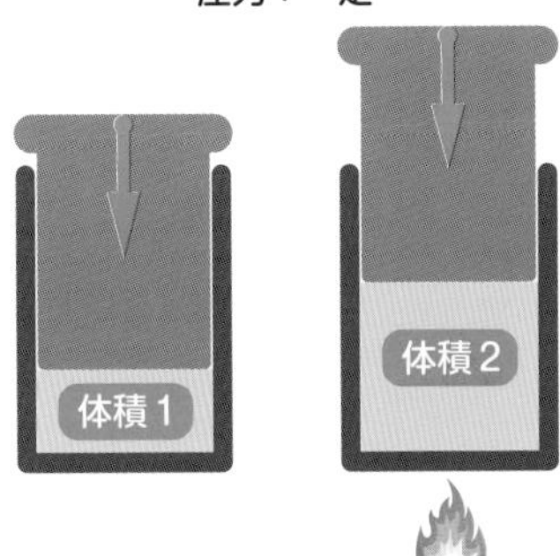

シャルルの法則は、「気体の圧力を一定にしたとき、体積（V）と絶対温度（T）は**比例**する」というものです。

$$[一定]=\frac{V}{T}$$

一定の圧力がかかった気体は、温度が上がると体積が**増加**し、温度が下がると体積が**減少**します。

③ボイル・シャルルの法則

ボイル・シャルルの法則は、「一定量の気体の体積（V）は気体の圧力（P）に**反比例**し、絶対温度（T）に**比例**する」というものです。

$$[一定]=\frac{PV}{T}$$

④ダルトンの法則

ダルトンの法則とは、「２種類以上の気体により構成される**混合気体の全圧**は、それぞれの**気体の分圧の和に等しい**」というものです。

混合気体を構成する各気体の圧力を**分圧**といい、混合気体の圧力を**全圧**といいます。

気体Ａと気体Ｂからなる混合気体の全圧をＰとしたとき、気体Ａ・Ｂの分圧をそれぞれP_AとP_Bとすると、次のようになる。

$$P = P_A + P_B$$

例えば、空気に含まれるガスの割合100％に対し、窒素**78%**、酸素**21%**、その他のガス１％になります。したがって、空気の全圧は、各気体の分圧の和に等しいため、空気１気圧に対し、窒素**0.78気圧**、酸素**0.21気圧**、その他のガス0.01気圧となります。

●ダルトンの法則

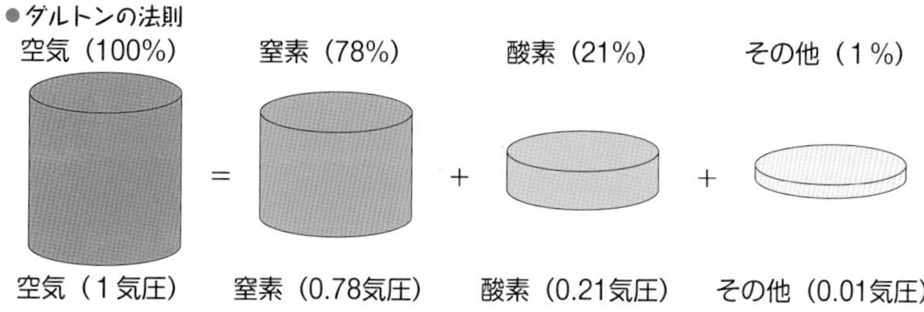

⑤ヘンリーの法則

ヘンリーの法則とは、「①温度が一定のとき、一定量の液体に溶解する気体の**質量**は、その気体の圧力に**比例**する。②温度が一定のとき、一定量の液体に溶解する気体の**体積**は、その気体の圧力に**かかわらず一定**である」というものです。

●ヘンリーの法則

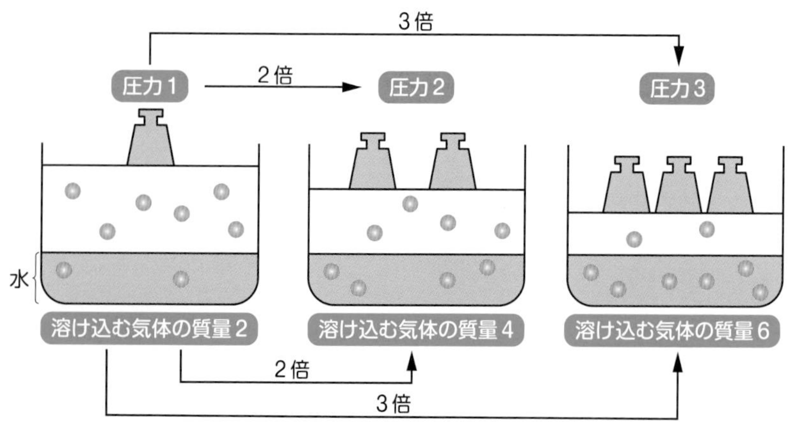

気体が液体に接しているとき、気体はヘンリーの法則に従って液体に溶解します。

気体がその圧力下で液体に溶解して溶解度に達した状態、すなわち**限度一杯まで溶解した状態を飽和**といい、飽和状態より**多くの気体が取り込まれた状態**を**過飽和**といいます。

ここまでの確認!! 一問一答

問1 学習チェック ☐☐☐ 気体では、温度が一定の場合、圧力Pと体積VについてP／V＝（一定）の関係が成り立つ。

問2 学習チェック ☐☐☐ 一定量の気体の圧力は、気体の絶対温度に比例し、体積に反比例する。

問3 学習チェック ☐☐☐ 一定量の液体に最大限溶解する気体の質量は、その気体の分圧に比例する。

問4 学習チェック ☐☐☐ 一定量の液体に最大限溶解する気体の体積は、その気体の分圧にかかわらず一定である。

問5 学習チェック ☐☐☐ 気体がその圧力下で液体に溶解して溶解度に達した状態、すなわち限度一杯まで溶解した状態を飽和という。

問6 学習チェック ☐☐☐ 水深20mの圧力下において一定量の水に溶解する気体の質量は、水深10mの圧力下において溶解する質量の約２倍となる。

解答1 × 気体では、温度が一定の場合、圧力Pと体積Vについて**P×V＝（一定）**の関係が成り立つ。

解答2 ○

解答3 ○

解答4 ○

解答5 ○

解答6 × 水深０ｍにおいての気体の質量が１の場合、水深10mでは約２倍、水深20mでは約３倍となる。よって、水深20mの圧力下において一定量の水に溶解する気体の質量は、水深10mの**約1.5倍（3/2倍）**となる。

Check! ここで計算問題をチェック

問1 学習チェック ☑☑☑

大気圧下で２Ｌの空気は、水深30mでは約何Ｌになるか。

（１）１／２Ｌ
（２）１／３Ｌ
（３）１／４Ｌ
（４）２／３Ｌ
（５）２／５Ｌ

問2 学習チェック ☑☑☑

大気圧下で10Lの空気を注入したゴム風船がある。このゴム風船を深さ15mの水中に沈めたとき、ゴム風船の体積を10Lに維持するために、大気圧下で更に注入しなければならない空気の体積として最も近いものは次のうちどれか。ただし、ゴム風船のゴムによる圧力は考えないものとする。

（１）５Ｌ
（２）10L
（３）15L
（４）20L
（５）25L

問3 学習チェック ☑☑☑

空気をゲージ圧力0.2MPaに加圧したとき、窒素の分圧（絶対圧力）に最も近いものは次のうちどれか。

（１）約0.08MPa
（２）約0.16MPa
（３）約0.20MPa
（４）約0.24MPa
（５）約0.32MPa

問4 学習チェック ☑☑☑

　３Ｌの容器Ａと２Ｌの容器Ｂが活栓を閉じた状態で配管により連結してあり、容器Ａには250kPaの酸素が、容器Ｂには200kPaの窒素が入れてあるとき、活栓を開いて酸素と窒素を混合させたときの混合気体の圧力として正しいものは次のうちどれか。ただし、配管部の容積は無視するものとする。

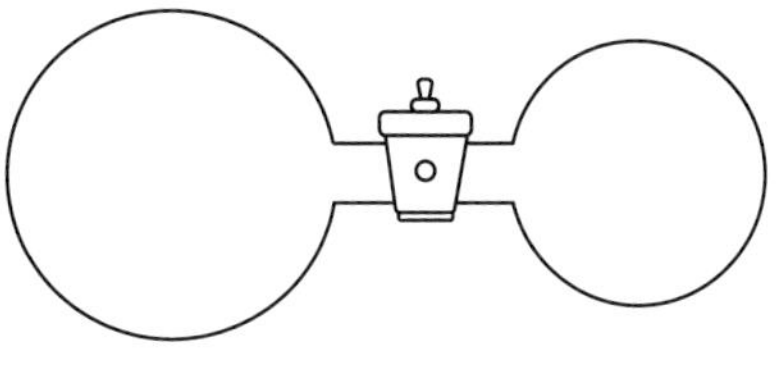

（１）220kPa
（２）225kPa
（３）230kPa
（４）254kPa
（５）467kPa

問5 学習チェック ☑☑☑

　20℃、１Ｌの水に接している0.2MPa（ゲージ圧力）の空気がある。これを0.1MPa（絶対圧力）まで減圧し、水中の窒素が空気中に放出されるための十分な時間が経過したとき、窒素の放出量（0.1MPa（絶対圧力）時の体積）に最も近いものは次のうちどれか。ただし、空気中に含まれる窒素の割合は80％とし0.1MPa（絶対圧力）の窒素100％の気体に接している20℃の水１Ｌには17cm³の窒素が溶解するものとする。

（１）14cm³
（２）17cm³
（３）22cm³
（４）27cm³
（５）34cm³

第１章 潜水業務

解答1（1）

ボイルの法則より、大気圧をP_1、大気圧下の空気の体積をV_1、水深30mでの圧力をP_2、そのときの体積をV_2とすると次のとおりになる。なお、大気圧は１気圧、水深30ｍでは、４気圧（0.1MPa×30ｍ＋１）になる。

$$P_1 \times V_1 = P_2 \times V_2$$

$$1\text{気圧} \times 2\,\text{L} = 4\text{気圧} \times V_2$$

$$V_2 = \frac{1}{2}\,\text{L}$$

解答2（3）

ボイルの法則より、大気圧をP_1、大気圧下の空気の体積をV_1、水深15mでの圧力をP_2、水深15mでの体積（ゴム風船の体積を10Lに維持）をV_2とすると次のとおりになる。なお、水深15ｍでは、2.5気圧（0.1MPa×15ｍ＋１）になる。

$$P_1 \times V_1 = P_2 \times V_2$$

$$1\text{気圧} \times V_1 = 2.5\text{気圧} \times 10\,\text{L}$$

$$V_1 = 25\,\text{L}$$

25Ｌはゴム風船を深さ15mの水中に沈めたとき、ゴム風船の体積を10Lに維持する空気量である。大気圧下で10Lの空気を注入したゴム風船に大気圧下で更に注入しなければならない空気の体積は次のとおりとなる。

大気圧下で更に注入しなければならない空気の体積 ＝ ゴム風船の体積を10Lに維持する空気量 － 大気圧下での空気量

＝ 25Ｌ－10Ｌ＝**15Ｌ**

解答3（4）

ゲージ圧力0.2MPaの絶対圧力は0.3MPaとなる。空気中の窒素の含有率は78%であるため、ダルトンの法則より窒素の分圧は次のとおりとなる。

窒素の分圧（絶対圧力）＝絶対圧力×空気中の窒素の含有率

＝0.3MPa×78%

＝0.3MPa×0.78＝0.234MPa≒**0.24MPa**

解答4（3）

活栓を開くと体積は５Ｌになる。酸素及び窒素の分圧（P）は、ボイルの法則より次のとおりとなる。

〔酸素の分圧（PO_2）〕

$250\text{kPa} \times 3\text{ L} = PO_2 \times 5\text{ L}$

$$PO_2 = \frac{250\text{kPa} \times 3\text{ L}}{5\text{ L}} = 150\text{kPa}$$

〔窒素の分圧（PN_2）〕

$200\text{kPa} \times 2\text{ L} = PN_2 \times 5\text{ L}$

$$PN_2 = \frac{200\text{kPa} \times 2\text{ L}}{5\text{ L}} = 80\text{kPa}$$

よって、ダルトンの法則より、混合気体の圧力は次のとおりとなる。

混合気体の圧力$= PO_2 + PN_2 = 150\text{kPa} + 80\text{kPa} =$ **230kPa**

解答5（4）

0.1MPa（絶対圧力）20℃の水１Ｌに17cm^{3}の窒素が溶解しているため、このときの窒素の量は次のとおりとなる。なお、空気中に含まれる窒素の割合は80％。

$17\text{cm}^3 \times 80\% = 17\text{cm}^3 \times 0.8 = 13.6\text{cm}^3$

次にゲージ圧力を絶対圧力に換算する。ゲージ圧0.2MPa＋大気圧0.1MPaで絶対圧力は0.3MPaとなる。

0.1MPa（絶対圧力）の空気中の窒素は20℃の１Ｌの水では窒素は13.6cm^{3}溶解するため、0.3MPa（絶対圧力）では３倍の圧力となり、次のとおりとなる。

$13.6\text{cm}^3 \times 3 = 40.8\text{cm}^3$

したがって、0.2MPa（ゲージ圧力）の水１Ｌ（窒素量40.8cm^3）から0.1MPa（絶対圧力）水１Ｌ（窒素量13.6cm^3）まで減圧したときの窒素の放出量は次のとおりとなる。

窒素の放出量$= 40.8\text{cm}^3 - 13.6\text{cm}^3 = 27.2\text{cm}^3 \fallingdotseq$ **27cm^3**

3　気体の特性と性質

学習チェック

気体の特性

①拡散

拡散とは、気体の分子が、圧力（分圧）の**高い方**から**低い方**へ散らばって広がることをいい、呼吸により血液中に酸素を取り込み、血液中から二酸化炭素を排出するのは、気体の**拡散現象**によるものになります。

非常に高い圧力下では気体を混合すると**拡散しにくい**ため、圧力の高い混合気体をつくるときは、**低い圧力下**で混合した気体を圧縮させます。

気体の性質

①空気

空気は、**酸素**と**窒素**を主な成分とし、アルゴンや二酸化炭素で大部分が構成されています。空気の成分の含有率は、窒素が**約78%**、酸素が**約21%**、アルゴンや二酸化炭素などのその他のガスが**1%**となっています。

●空気の成分

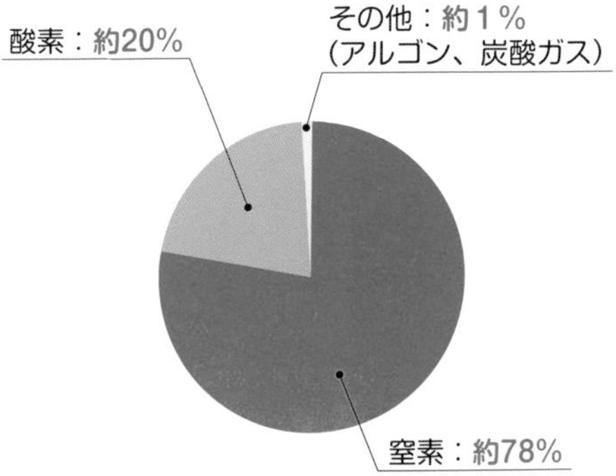

②酸素

酸素は、**無色**・**無臭**の気体で、生命維持に必要不可欠なものですが、空気中の酸素濃度が**高い**ほど**酸素中毒**を起こします。

③窒素

窒素は、**無色**・**無臭**で、常温・常圧では化学的に**安定**した**不活性**の気体ですが、高圧下では**麻酔作用**があり、窒素酔いを引き起こします。

④ヘリウム

ヘリウムは、**無色・無臭**で燃焼や爆発の危険性が**無く**、極めて**軽い**気体です。また、化学的に**非常に安定**しており、他の元素と**化合しにくく**、窒素と同じく**不活性**の気体です。窒素のような麻酔作用を起こすことが**少なく**、窒素に比べて呼吸抵抗は**少なく**なっています。

しかし、ヘリウムは熱伝導率が**大きい**ため、潜水者の体温を奪いやすい欠点や、気体密度が**小さく**いわゆる**ドナルドダック・ボイス**とも呼ばれる現象を生じることがあります。

ヘリウムは窒素に比べると、水への溶解度は**小さく**、体内から排出する速度が**大きく**、体内に溶け込む速度も**速く**なっています。

⑤二酸化炭素

二酸化炭素は、人体の代謝作用や物質の燃焼によって発生し、空気中に**0.03～0.04%**程度の割合で含まれている**無色・無臭**の気体です。人の呼吸の維持には、血液中に**微量**含まれていることが必要になります。

⑥一酸化炭素

一酸化炭素は、**無色・無臭の有毒**な気体で、物質の**不完全燃焼**などによって発生します。呼吸によって体内に入ると、赤血球の**ヘモグロビン**と結合し、酸素の組織への運搬を**阻害**するため有毒な気体です。

ここまででの確認!! 一問一答

問1 学習チェック ☐☐☐ 気体の分子が、圧力（分圧）の高い方から低い方へ散らばって広がることを、「拡散」という。

問2 学習チェック ☐☐☐ 呼吸により血液中に酸素を取り込み、血液中から二酸化炭素を排出するのは、気体の拡散現象による。

問3 学習チェック ☐☐☐ 空気は、酸素、窒素、アルゴン、二酸化炭素などから構成される。

問4 学習チェック ☐☐☐ 酸素は、無色・無臭の気体で、生命維持に必要不可欠なものであり、空気中の酸素濃度が高いほど人体に良い。

問5 学習チェック ☐☐☐ 空気は、酸素約21％、窒素約78％、二酸化炭素その他の物質が約１％で構成されている。

問6 学習チェック ☐☐☐ 窒素は、無色・無臭で、常温・常圧では科学的に安定した不活性の気体であるが、高圧下では麻酔作用がある。

問7 学習チェック ☐☐☐ ヘリウムは、密度が極めて大きく、他の元素と化合しにくい気体で、呼吸抵抗は少ない。

問8 学習チェック ☐☐☐ ヘリウムは、体内に溶け込む速度が、窒素より遅い。

問9 学習チェック ☐☐☐ 二酸化炭素は、無色・無臭の気体で、空気中に約0.3%の割合で含まれている。

問10 学習チェック ☐☐☐ 二酸化炭素は、人体の代謝作用や物質の燃焼によって発生する無色・無臭の気体で、人の呼吸の維持に微量必要なものである。

問11 学習チェック ☐☐☐ 一酸化炭素は、物質の不完全燃焼などによって生じる無色の有害な気体であるが、異臭があるため発見は容易である。

解答1 ○

解答2 ○

解答3 ○

解答4 × 酸素は、空気中の酸素濃度が高いほど**酸素中毒**を起こす。

解答5 ○

解答6 ○

解答7 × ヘリウムは、密度が**小さく**、他の元素と**化合しにくい**気体である。

解答8 × ヘリウムは、体内に溶け込む速度が、窒素より**速い**。

解答9 × 二酸化炭素は、無色・無臭の気体で、空気中に**0.03～0.04%**程度の割合で含まれている。

解答10 ○

解答11 × 一酸化炭素は、物質の不完全燃焼などによって生じる無色の有害な気体であり、**無臭**であるため発見は**困難**である。

4 水中における光や音

学習チェック ☑☑☑

水中における光の伝播

①水中でのものの見え方

光は、密度の異なる媒体を通過するとき、その境界面で進行方向が変化する特性を**屈折**といいます。水と空気の境界では下の図のように屈折します。

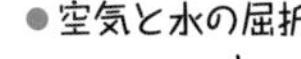
●空気と水の屈折

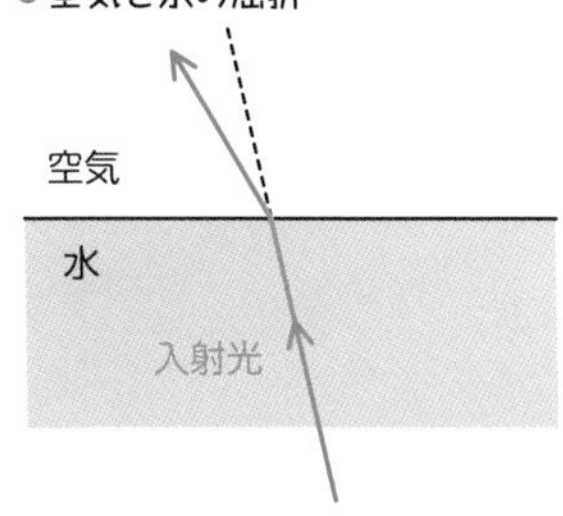

潜水では、面マスクを装着しますが、空気の密度は水とは大きく異なるため、水中を進んだ光は面マスク内の空気との境界面で屈折します。潜水中は常に屈折した光によって視認するため、澄んだ水中でマスクを通して近距離にある物を見る場合、物体の位置は実際より**近く**（3/4の距離）、また**大きく**（4/3倍）見えます。

●水中での見え方

②水中での色

水分子による光の吸収の度合いは、光の波長によって異なります。波長が長いほど吸収されやすく、波長の長い**赤色**は波長の短い青色より**吸収されやすく**なります。そのため、水中で物体が青のフィルターを通したときのように見えるのは、太陽光線のうち**青色**が最も水に**吸収されにくい**ためです。

●光の波長と色の関係

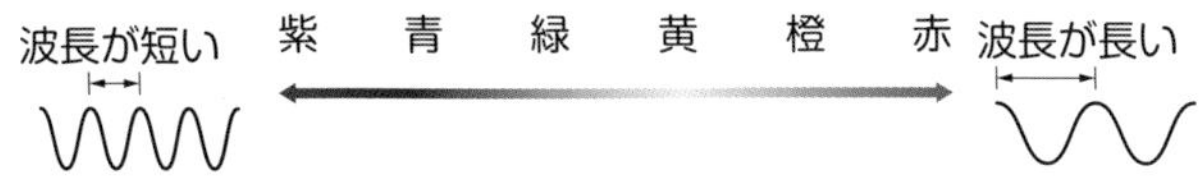

潜水作業が行われる海中には、多くの懸濁物やプランクトンなどが浮遊しているため、このような水域では水分子とは異なり、**青色**など短い波長の光ほど**よく吸収**し、**オレンジ色**や**黄色**で蛍光性のものが**視認しやすく**なっています。

➡ 水中における音の伝播

音は振動によって伝播するため、密度の高い物質ほどよく音を**伝えます**。よって、**気体→液体→固体**の順に音の速さは**大きく**なり、**遠く**まで効率よく伝播します。音の伝播速度は空気中では毎秒約330ｍですが、水中では毎秒**約1,400〜1,500m**になります。したがって、水中では、音は空気中に比べ**約４倍**の速度で伝わり、伝播距離が**長い**ので、両耳効果が**減少**してしまい音源の方向探知が**困難**になります。

両耳効果とは、片方の耳で聴くよりも両耳で聴く方が、音の方向性、音の遠近感や広がり感、音に包まれる感じなどをよく認知することができることをいいます。

ここまでの確認!! 一問一答

問１ 学習チェック ☑☑☑

光は、水と空気の境界では右の図のように屈折し、顔マスクを通して水中の物体を見た場合、実際よりも大きく見える。

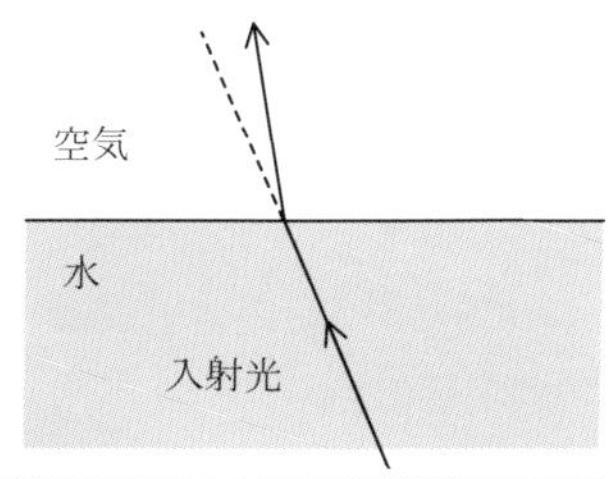

問２ 学習チェック ☑☑☑

水分子による光の吸収の度合いは、光の波長によって異なり、波長の長い赤色は、波長の短い青色より吸収されやすい。

問３ 学習チェック ☑☑☑

水中で、物が青のフィルターを通したときのように見えるのは、太陽光線のうち青色が最も水に吸収されやすいためである。

問４ 学習チェック ☑☑☑

澄んだ水中でマスクを通して近距離にある物を見る場合、実際の位置より近く、また大きく見える。

問５ 学習チェック ☑☑☑

濁った水中では、オレンジ色や黄色で蛍光性のものが視認しやすい。

問6 学習チェック ☐☐☐ 水中での音の伝播速度は、空気中での約10倍である。

問7 学習チェック ☐☐☐ 水中での音の伝播速度は、毎秒約330mである。

問8 学習チェック ☐☐☐ 水は、空気と比べて密度が大きいので、水中では音は長い距離を伝播することができない。

問9 学習チェック ☐☐☐ 水中では、音の伝播速度が非常に速いので、両耳での音源の方向探知が容易になる。

解答1 × 光は、水と空気の境界では図のように入射光に対しより**左側**に屈折する。

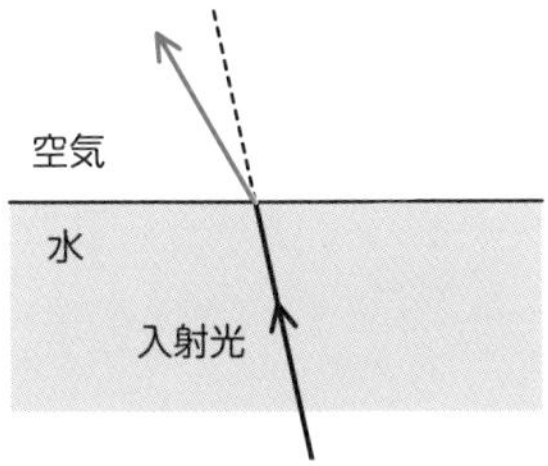

解答2 ○

解答3 × 太陽光線のうち青色が最も水に**吸収されにくい**ためである。

解答4 ○

解答5 ○

解答6 × 水中での音の伝播速度は、空気中での**約4倍**である。

解答7 × 水中での音の伝播速度は、**毎秒約1,400～1,500m**である。

解答8 × 水中では音は長い距離を伝播することが**できる**。

解答9 × 水中では両耳での音源の方向探知が**困難**になる。

5　潜水の種類及び方式

学習チェック ☑☑☑

➡ 潜水の種類及び方式

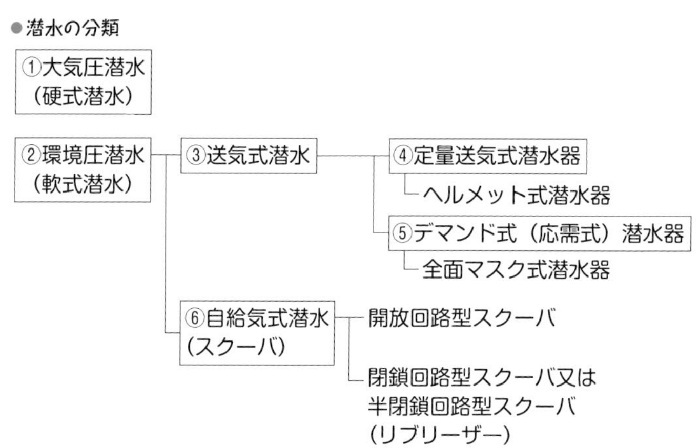

①大気圧潜水（硬式潜水）

大気圧潜水（硬式潜水）は、潜水者が水や水圧の影響を**受けないように**、硬い殻状の容器（**耐圧殻**）の中に入って体を水圧から守り、**大気圧の状態**で行う潜水のことをいいます。耐圧殻内は、大気圧（１気圧）の状態に保たれているため、潜水者は高気圧による障害や潜水障害に悩まされません。

②環境圧潜水（軟式潜水）

大気圧潜水は硬式潜水と呼ばれますが、硬式潜水に対するものとして環境圧潜水は軟式潜水と呼ばれます。

環境圧潜水（軟式潜水）は、潜水作業者が潜水深度に応じた水圧を**直接受けて**潜水する方法で、送気方法により**送気式潜水**と**自給気式潜水**に分類されます。また、安全性を向上させるため、**送気式潜水**でも潜水者がボンベを**携行する**ことがあります。

③送気式潜水

送気式潜水は、船上のコンプレッサーなどによって送気を行う潜水で、比較的長時間の水中作業が可能で、**定量送気式**と**デマンド式**（**応需式**）があります。

④定量送気式潜水器

●ヘルメット式潜水器

定量送気式潜水器は、潜水者の呼吸動作にかかわらず、常に**一定量**の呼吸ガスを送気する潜水器です。代表的な潜水器として**ヘルメット式潜水器**があります。

ヘルメット式潜水は、定量送気式の潜水で、一般に船上の**コンプレッサー**によって送気し、比較的**長時間**の水中作業が可能となっていますが、呼吸ガスの消費量が**多く**なります。**金属製のヘルメット**と**ゴム製の潜水服**により構成され、操作には熟練を**要し**、複雑な浮力調整が**必要**となります。

⑤デマンド式（応需式）潜水器

●全面マスク式潜水器

デマンド式（応需式）潜水器は、潜水者が息を吸い込むと陰圧が発生して送気弁が開き、それに応じて送気が行われますが、息を吐くときは陽圧になり、送気弁が閉まって送気が中断するため、定量送気式とは異なり**断続的な送気**となります。呼吸に必要な量の送気が行われるため、呼吸ガスの消費量はヘルメット式潜水器の場合よりも**少なく**なります。

デマンド式（応需式）潜水器では、顔面全体を覆うマスクとデマンド式潜水器を組み合わせた**全面マスク式潜水器**が現在潜水業務で最も多く利用されています。

また、全面マスク式潜水は、水中電話の**使用が可能**です。

⑥自給気式潜水

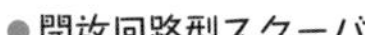
●開放回路型スクーバ

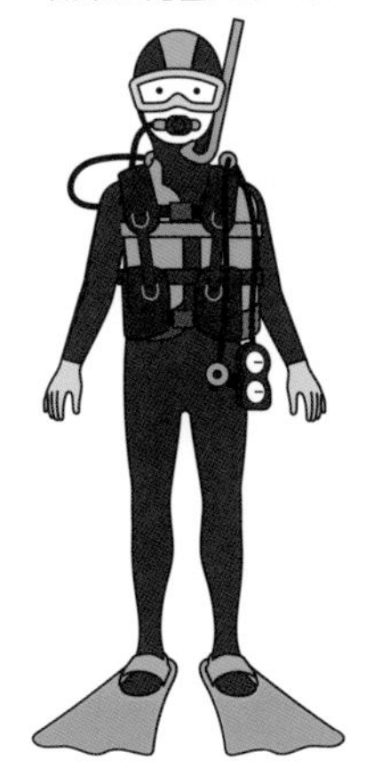

自給気式潜水は、潜水者が携行するボンベからの給気を受けて潜水する方法のため、潜水作業者の行動を制限する送気ホースなどがないので作業の自由度は高くなっています。使用される潜水器を**自給気式潜水器**といいます。スクーバ（SCUBA）とも呼ばれ、自給気式潜水器は呼吸回路の**相違**によって開放回路型スクーバと閉鎖回路型または半閉鎖回路型スクーバ（リブリーザ）に区分されます。

開放回路型スクーバは、潜水者の呼気が直接水中に排出される回路になっており、自給気式潜水器によって行われる潜水業務の多くは、**開放回路型スクーバ**が用いられています。

ここまでの確認!! 一問一答

問1 学習チェック ☐☐☐ 大気圧潜水とは、耐圧殻に入って人体を水圧から守り、大気圧の状態で行う潜水のことである。

問2 学習チェック ☐☐☐ ヘルメット式潜水は、常時、連続的に潜水者に送気が行われる応需送気方式である。

問3 学習チェック ☐☐☐ ヘルメット式潜水は、金属製のヘルメットとゴム製の潜水服により構成された潜水器を使用し、操作は比較的簡単で、複雑な浮力調整が必要ない。

問4 学習チェック ☐☐☐ 全面マスク式潜水は、送気式潜水であるが、安全性の向上のためにボンベを携行することがある。

問5 学習チェック ☐☐☐ 全面マスク式潜水は、水中電話の使用が可能である。

問6 学習チェック ☐☐☐ 自給気式潜水は、一般に、リブリーザーを使用した閉鎖循環式スクーバで、潜水作業者の行動を制限する送気ホースなどが無いので作業の自由度が高い。

問7 学習チェック ☐☐☐ スクーバ式潜水は、硬式潜水であり、潜水者は、直接人体に水圧を受ける。

解答1 ○ 大気圧潜水は**硬式潜水**ともいう。

解答2 × 常時、連続的に潜水者に送気が行われるのは**定量送気式**である。

解答3 × 操作は**熟練**を要し、**複雑な浮力調整**が必要である。

解答4 ○

解答5 ○

解答6 × 自給気式潜水は、一般に、**開放回路型スクーバ**である。

解答7 × スクーバ式潜水は、**軟式潜水**のため、直接人体に水圧を受ける。

6　潜水業務の危険性

学習チェック ☑☑☑

➡ 潜水業務の危険性

①潮流によるもの

潮流は、干潮（潮位が下がりきった状態）と満潮（潮位が上がりきった状態）がそれぞれ**1日**に通常**2回**ずつ起こることによって生じます。開放的な海域では**弱く**、湾口、水道、海峡などの**狭く**複雑な海岸線をもつ海域では**強く**なります。また、海の潮の満ち引きの大きさを表す言葉として、大潮や小潮があります。大潮は、潮の干満の差が**大きい状態**で、**新月**と**満月**の前後数日間をいい、小潮は、潮の干満の差が**小さい状態**で、**上弦の月**と**下弦の月**の前後数日間をいいます。

上げ潮と下げ潮との間に生じる潮止まりを**憩流**といい、潮流の**強い海域**では、潜水作業は**この時間帯に行う**ようにします。また、憩流は、潮だるみや潮どまりとも呼ばれます。

潮流のある場所における水中作業で潜水作業者が潮流によって受ける抵抗は、スクーバ式潜水が最も**小さく**、全面マスク式潜水、ヘルメット式潜水の順に**大きく**なります。

潮流の速い水域での潜水作業は、**減圧症**が発生する危険性が**高く**なり、スクーバ式潜水により潜水作業を行うときは、**命綱を使用**します。

送気式潜水では、潮流により送気ホースが流されるため、下の図の**B**に示すように適度な状態にして、送気ホースを繰り出す長さや潜水作業場所と潜水作業船の係留場所との関係に配慮します。

●潮流と潜水者の位置

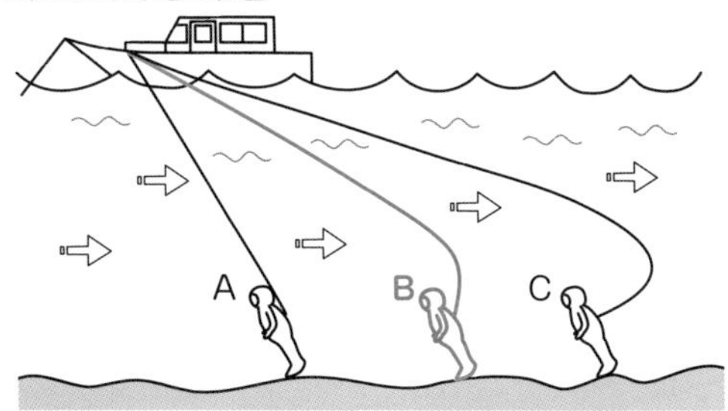

A：× 潮流により吹き上げられてしまう
B：○ 適当な位置
C：× 潮流による負荷が大きくかかる

②送気によるもの

潜水作業においては、圧縮空気を呼吸することが減圧症や窒素酔いの原因となっています。

③浮力によるもの

浮力による事故には、**潜水墜落**（⇒32P参照）と**吹き上げ**（⇒32P参照）があり、いずれもいったん発生すると浮力と水圧の関係が悪い方向に作用します。

④海中の生物によるもの

海中の生物による危険性は、大別すると次のとおりになります。

かみ傷	サメ、シャチ、カマス、**タコ**、ウミヘビ、**ウツボ**等	
切り傷	**サンゴ類、フジツボ等**	
刺し傷	魚刺傷	オニオコゼ、ミノカサゴ、ハオコゼ、アカエイ、ゴンズイ、ギンザメなど
	棘皮動物刺傷	**ガンガゼ**、オニヒトデ
	腔腸動物刺傷	アカクラゲ、カツオノエボシ等のクラゲ、イソギンチャク、サンゴ類、**イモガイ類**

視界の良いときより、海水が濁って**視界が悪い**ときの方が、サメやシャチのような海の生物による**危険性が高く**なります。また、サメは海中に流れた僅（わず）かな血に対して敏感に反応するので、**けがをしたまま**、又は**血を流している魚を持ったまま**潜水することは非常に危険であるので**行ってはなりません**。

⑤その他

水中作業による事故には、送気ホースが潜水作業船のスクリューへ接触したり、巻き込まれることなどがあります。

水中での溶接・溶断作業では、作業時に発生したガスが滞留して**ガス爆発**を起こし、鼓膜を損傷することがあり、また、溶接棒と溶接対象物との間に体の一部が接触すると**感電する危険**があります。

潜水作業中、海上衝突を予防するため、潜水作業船に右の図に示す**国際信号書Ａ旗板**を掲揚します。

●国際信号書Ａ旗板

ここまでの確認!! 一問一答

問1 学習チェック ☐☐☐ 潮流のある場所における水中作業で潜水作業者が潮流によって受ける抵抗は、スクーバ式潜水が最も小さく、全面マスク式潜水、ヘルメット式潜水の順に大きくなる。

問2 学習チェック ☐☐☐ 潮流は、干潮と満潮がそれぞれ1日に通常2回ずつ起こることによって生じる。

問3 学習チェック ☐☐☐ 潮流は、開放的な海域では強いが、湾口、水道、海峡などの狭く、複雑な海岸線をもつ海域では弱くなる。

問4 学習チェック ☐☐☐ 潮流のある場所における水中作業で潜水作業者が潮流によって受ける抵抗は、ヘルメット式潜水が最も小さく、全面マスク式潜水、スクーバ式潜水の順に大きくなる。

問5 学習チェック ☐☐☐ 潮流の速い水域での潜水作業は、減圧症が発生する危険性が高い。

問6 学習チェック ☐☐☐ 水中でのガス溶断作業では、作業時に発生したガスが滞留してガス爆発を起こし、鼓膜を損傷することがある。

問7 学習チェック ☐☐☐ 海中の生物による危険には、サンゴ、フジツボなどによる切り傷、タコ、ウツボなどによる刺し傷のほか、イモガイ類、ガンガゼなどによるかみ傷がある。

解答1 ○

解答2 ○

解答3 × 潮流は、開放的な海域では**弱く**、湾口、水道、海峡などの狭く、複雑な海岸線をもつ海域では**強い**。

解答4 × 潮流によって受ける抵抗は、**スクーバ式潜水**が最も小さく、全面マスク式潜水、**ヘルメット式潜水**の順に大きくなる。

解答5 ○

解答6 ○

解答7 × タコ、ウツボなどは**かみ傷**、イモガイ類、ガンガゼは**刺し傷**の危険がある。

第1章 潜水業務

7　潜水事故

➔ 潜水事故

①潜水墜落

潜水墜落は、潜水服内部の圧力と水圧の平衡が崩れ、**内部の圧力**が水圧より**低く**なったときに起こります。ひとたび浮力が減少して沈降が始まると、水圧が**増して**浮力が更に**減少する**という悪循環を繰り返します。

ヘルメット式潜水における潜水墜落の原因の一つに潜水作業者への**送気量の不足**があります。これは、送気量の不足により、潜水服内部の圧力と水圧の平衡が崩れることで、内部の圧力が水圧より低くなるためです。

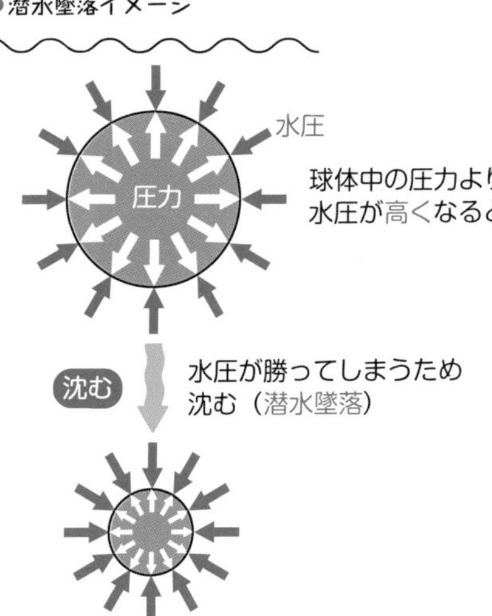

潜水墜落の予防のため、潜水者は潜水深度を**変えるとき**は、必ず**船上に連絡**し、また、送気員は潜水深度に**適合した送気量**を送気します。

②吹き上げ

吹き上げは、潜水服内部の圧力と水圧の平衡が崩れ、**内部の圧力**が水圧より**高く**なったときに起こります。吹き上げ時の対応を誤ると、逆に**潜水墜落**を起こすこともあります。

ヘルメット式潜水での、吹き上げの原因となる代表的な例は次のとおりです。

潜水服のベルトの締め付けが不足して、**下半身の浮力が増加**したとき
排気弁の操作を誤ったとき
潜水作業者への**過剰な送気**をしたとき

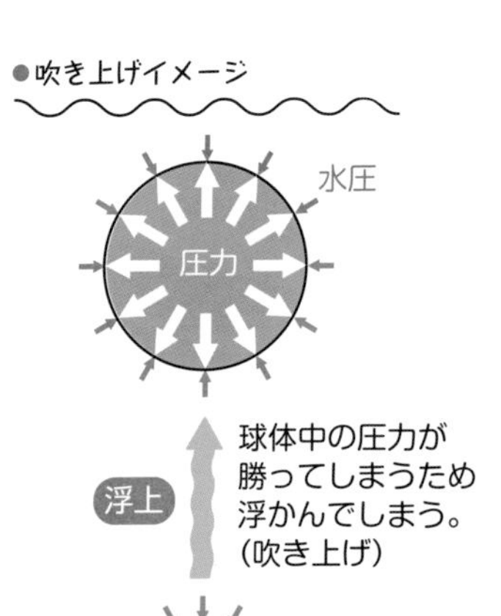

潜水作業者が頭部を胴体より下にする姿勢をとり、**逆立ちの状態**になってしまったとき

また、ヘルメット式潜水のほか、**ドライスーツ**を使用する潜水においても起こる可能性があります。

③水中拘束

水中拘束とは、送気ホースの絡みつきや重量物の下敷きなどにより、水中で潜水者が拘束されることをいいます。

水中拘束に対する予防法は次のとおりです。

作業現場の状況をあらかじめよく観察し、拘束の危険のない作業手順を定め、それに従って作業を進める。
障害物を通過する時は、その経路を覚えておき帰りも同じ経路を通る。
障害物の周囲を回ったり、下をくぐり抜けたりせず、その**上を超えていく**ようにする。
使用済みのロープ類は放置しないで船上に回収する。なお、送気ホースを使用しないスクーバ式潜水であっても、**作業に使用したロープ**などが装備品に絡みつき水中拘束のおそれがあることに注意する。
救助に向かうことのできる潜水者を待機させておく。
沈船、洞窟などの狭い場所に入る場合には、必ず**ガイドロープ**を使用する。
魚網の近くで潜水するときは、魚網に絡まる危険を避けるため、信号索や水中ナイフを**携行**する。

また、水中拘束事故を起こして**水中滞在時間**が延長した場合には、当初の減圧時間を水中滞在時間が**延長した時間**に応じて**浮上**しなければなりません。

④溺れ

溺れには、気管支や肺にまで水が入ってしまい**窒息状態**になって溺れる場合だけでなく、水が気管に入っただけで**呼吸が止まって**溺れる場合があります。

スクーバ式潜水では、些細なトラブルから**パニック状態**に陥り、正常な判断ができなくなり、自らくわえている潜水器を外してしまって溺れることや**窒素酔い**により正常な判断ができなくなり、レギュレーターのマウスピースを**外して溺れる**こともあります。そのため、スクーバ式潜水では、溺れを予防するため、**救命胴衣**又は**BC**（⇒91P参照）を必ず着用するようにします。

送気式潜水では、溺れに対する予防法として、送気ホース切断事故を生じないよう、潜水作業船に**クラッチ固定装置**や**スクリュー覆い**を取り付けます。

ここまでの確認!! 一問一答

問1 学習チェック ☐☐☐ 潜水墜落は、潜水服内部の圧力と水圧の平衡が崩れ、内部の圧力が水圧より低くなったときに起こる。

問2 学習チェック ☐☐☐ 潜水転落では、ひとたび浮力が減少して沈降が始まると、水圧が増して浮力が更に減少するという悪循環を繰り返す。

問3 学習チェック ☐☐☐ ヘルメット式潜水において、潜水服のベルトの締め付けが不足すると浮力が減少し、潜水転落の原因となる。

問4 学習チェック ☐☐☐ 潜水墜落の予防のため、潜水者は潜水深度を変えるときは、必ず船上に連絡する。

問5 学習チェック ☐☐☐ 吹き上げは、潜水服内部の圧力と水圧の平衡が崩れ、内部の圧力が水圧より高くなったときに起こる。

問6 学習チェック ☐☐☐ 吹き上げ時の対応を誤ると、逆に潜水墜落を起こすことがある。

問7 学習チェック ☐☐☐ ヘルメット式潜水では、潜水作業者が頭部を胴体より下にする姿勢をとり、逆立ちの状態になってしまったときに潜水墜落を起こすことがある。

問8 学習チェック ☐☐☐ 吹き上げは、ヘルメット式潜水のほか、ドライスーツを使用する潜水においても起こる危険性がある。

問9 学習チェック ☐☐☐ 水中拘束によって水中滞在時間が延長した場合であっても、当初の減圧時間をきちんと守って浮上する。

問10 学習チェック ☐☐☐ 魚網の近くで潜水するときは、魚網に絡まる危険を避けるため、信号索や水中ナイフを携行しない。

問11 学習チェック ☐☐☐ 送気ホースを使用しないスクーバ式潜水では、ロープなどに絡まる水中拘束のおそれはない。

問12 学習チェック ☐☐☐ 送気式潜水では、送気ホースの切断事故による溺れを予防するため、潜水作業船にクラッチ固定装置やスクリュー覆いを取り付ける。

問13 学習チェック ☐☐☐ 水が気管に入っただけでは呼吸が止まることはないが、気管支や肺に入ってしまうと窒息状態になって溺れることがある。

問14 学習チェック ☑☑☑ ヘルメット式潜水では、溺れを予防するため、救命胴衣又はBCを必ず着用する。

問15 学習チェック ☑☑☑ スクーバ式潜水では、窒素酔いにより正常な判断ができなくなり、レギュレーターのマウスピースを外して溺れることがある。

解答1 ○

解答2 ○

解答3 ×
潜水服のベルトの締め付けが不足すると下半身の浮力が**増加**し、**吹き上げ**の原因となる。

解答4 ○

解答5 ○

解答6 ○

解答7 ×
ヘルメット式潜水では、潜水作業者が頭部を胴体より下にする姿勢をとり、逆立ちの状態になってしまったときに**吹き上げ**を起こすことがある。

解答8 ○

解答9 ×
水中滞在時間が延長した場合には、**超過してしまった時間に対応する**減圧時間によって浮上しなければならない。

解答10 ×
魚網の近くで潜水するときは、魚網に絡まる危険を避けるため、信号索や水中ナイフを**携行する**。

解答11 ×
送気ホースを使用しないスクーバ式潜水であっても、作業に使用したロープなどが装備品に絡みつき水中拘束の**おそれがある**。

解答12 ○

解答13 ×
水が気管に入ったとき、反射的に呼吸が**止まってしまう場合がある**。

解答14 ×
ヘルメット式潜水では、救命胴衣又はBCを着用する**必要はない**。ただし、**スクーバ式潜水**では、救命胴衣又はBCを必ず着用する。

解答15 ○

8　特殊な環境下の潜水

学習チェック ☑☑☑

特殊な環境下の潜水

①海洋での潜水

淡水よりも海水の方がわずかに浮力が**大きい**ため、湖で行う潜水に比べて、海で行う潜水にはより多くのウエイトが必要となります。

②河川での潜水

河川で行う潜水では、流れの速さに特に注意する必要があるので、**命綱（ライフライン）**を使用したり、装着する**鉛錘（ウエイト）**の重量を増やしたりします。

河口付近の水域は、一般に視界が**悪く**、降雨によって視界は**さらに悪くなる**ため、降雨後は潜水に**適していません**。

③暗渠（きょ）内での潜水

暗渠（きょ）内での潜水は、機動性が良いスクーバ式潜水が多く行われていますが、状況によっては**送気式潜水**の可能性を最後まで**検討**することも重要です。また、非常に危険であるので、潜水作業者には**豊富な潜水経験**、**高度な潜水技術**及び**精神的な強さ**が必要とされます。

④汚染水域での潜水

汚染のひどい水域では、スクーバ式潜水は**行わず**、露出部を極力少なくした装備で、全面マスク潜水器若しくはヘルメットタイプ潜水器を使用する**送気式潜水**を行うことが望ましいです。

⑤冷水域での潜水

冷水中では、ウエットスーツより**ドライスーツ**の方が体熱の損失が少ないため、ドライスーツの着用が必須となります。

寒冷地での潜水では、潜水呼吸器のデマンドバルブ部分が**凍結**することがあり、この凍結によってバルブ機能が失われてフリーフロー状態となるので、**凍結防止対策が施された**潜水器を使用します。

⑥高所での潜水

山岳部のダムなど高所域での潜水では、海面より環境圧が**低い**ため、通常の海洋での潜水よりも**長い減圧浮上時間**が必要になります。

ここまでの確認!! 一問一答

問1 学習チェック ☑☑☑ 河川での潜水では、流れの速さに対応して素早く行動するために、装着する鉛錘（ウエイト）の重さは少なくする。

問2 学習チェック ☑☑☑ 河口付近の水域は、一般に視界が悪いが、降雨により視界が向上するので、降雨後は潜水に適している。

問3 学習チェック ☑☑☑ 暗渠（きょ）内では、送気ホースが絡まって水中拘束となるおそれがあるため、送気式潜水を行ってはならない。

問4 学習チェック ☑☑☑ 汚染のひどい水域では、スクーバ式潜水が適している。

問5 学習チェック ☑☑☑ 冷水中では、ドライスーツよりウエットスーツの方が体熱の損失が少ない。

問6 学習チェック ☑☑☑ 冷水域での潜水では、潜水呼吸器のデマンドバルブ部分が凍結することがある。

問7 学習チェック ☑☑☑ 山岳部のダムなど高所域での潜水では、海面より環境圧が低く、体内に溶け込んだ窒素などの不活性ガスが早く排出されるため、通常よりも短い減圧時間で減圧することができる。

解答1 × 流れの速さに対応して、命綱（ライフライン）の使用や装着する鉛錘（ウエイト）の重さを**増大する**。

解答2 × 降雨により視界はさらに**悪く**なり、降雨後は潜水に**適していない**。

解答3 × 暗渠内では、機動性が良いスクーバ式潜水が多いが、状況により**送気式潜水を行うことも検討する**。

解答4 × 汚染のひどい水域では、全面マスク潜水器やヘルメットタイプ潜水器を使用する**送気式潜水が望ましい**。

解答5 × **ドライスーツ**の方が体熱の損失が少ない。

解答6 ○

解答7 × 通常の海洋での潜水よりも**長い減圧浮上時間が必要**となる。

過去問題で総仕上げ

問　題【潜水業務編】

1　圧力と浮力

（テキスト⇒8P・解説/解答⇒58P）

学習チェック ☑☑☑

問1 学習チェック ☑☑☑

浮力に関し、誤っているものは次のうちどれか。［R4. 10］

（1）水中にある物体が、水から受ける上向きの力を浮力という。

（2）水中に物体があり、この物体の質量が、この物体と同体積の水の質量と同じ場合は、中性浮力の状態となる。

（3）海水は淡水よりも密度がわずかに大きいので、作用する浮力もわずかに大きい。

（4）圧縮性のない物体は水深によって浮力は変化しないが、圧縮性のある物体は水深が深くなるほど浮力は小さくなる。

（5）同じ体積の物体であっても、重心の低い形の物体は、重心の高い形の物体よりも浮力が大きい。

問2 学習チェック ☑☑☑

圧力に関し、誤っているものは次のうちどれか。［R4. 4］

（1）気体では、温度が一定の場合、圧力Pと体積VについてP・V＝（一定）の関係が成り立つ。

（2）圧力1barをSI単位に換算すると0.1MPaとなる。

（3）圧力は、単位面積当たりに垂直方向に作用する力である。

（4）密閉容器内に満たされた静止流体中の任意の点に加えた圧力は、その圧力の方向にだけ伝達される。

（5）気体では、圧力が一定の場合、体積Vと絶対温度TについてV／T ＝（一定）の関係が成り立つ。

問3 学習チェック ☑☑☑

圧力の単位に関する次の文中の[　　]内に入れるA及びBの数値の組合せとして、正しいものは（1）～（5）のうちどれか。[R5.4]

「圧力計が50barを指している。この指示値をSI単位に換算すると[A]MPaとなり、また、この値を気圧の単位に換算するとおおむね[B]atmとなる。」

	A	B
（1）	0.5	0.5
（2）	0.5	5
（3）	5	5
（4）	5	50
（5）	50	50

問4 学習チェック ☑☑☑

圧力又は浮力に関し、誤っているものは次のうちどれか。[R3.4]

（1）圧力は、単位面積当たりに垂直方向に作用する力である。
（2）２種類以上の気体により構成される混合気体の圧力は、それぞれの気体の分圧の和に等しい。
（3）一定量の気体の圧力は、気体の絶対温度に比例し、体積に反比例する。
（4）水中にある物体は、これと同体積の水の重量に等しい浮力を受ける。
（5）海水中にある物体が受ける浮力は、同一の物体が淡水中で受ける浮力より小さい。

問5 学習チェック ☑☑☑

体積50cm^{3}で質量が400gのおもりを下の図のようにばね秤（ばかり）に糸でつるし、水に浸（つ）けたとき、ばね秤の示す数値に最も近いものは次のうちどれか。[R4.10]

（1）325 g
（2）350 g
（3）375 g
（4）400 g
（5）450 g

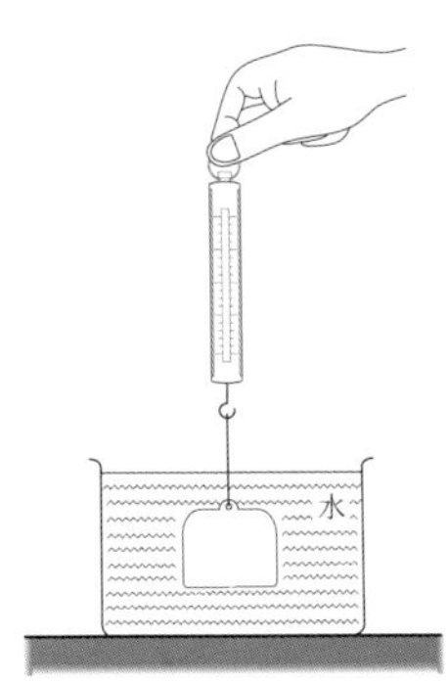

第1章 潜水業務

2　気体に関する法則

（テキスト⇒13P・解説/解答⇒59P）

学習チェック

問1

気体の液体への溶解に関する次の文中の□内に入れるＡ及びＢの語句の組合せとして、正しいものは（1）～（5）のうちどれか。ただし、その気体のその液体に対する溶解度は小さく、また、その気体はその液体と反応する気体ではないものとする。[R3. 4]

「・温度が一定のとき、一定量の液体に溶解する気体の質量は、その気体の圧力に［ A ］。

・温度が一定のとき、一定量の液体に溶解する気体の体積は、その気体の圧力に［ B ］。」

	A	B
（1）	かかわらず一定である	比例する
（2）	反比例する	比例する
（3）	反比例する	かかわらず一定である
（4）	比例する	反比例する
（5）	比例する	かかわらず一定である

問2

水深20ｍでの10Ｌの空気は、水深10ｍでは約何Ｌになるか。[R3. 4]

（1） 5Ｌ

（2）10Ｌ

（3）15Ｌ

（4）20Ｌ

（5）25Ｌ

問3

大気圧下で１Ｌの空気は、水深20ｍでは約何Ｌになるか。[R3. 10]

（1） 1/2Ｌ

（2） 1/3Ｌ

（3） 1/4Ｌ

（4） 1/5Ｌ

（5） 1/6Ｌ

問4 学習チェック ☑☑☑

大気圧下で10Lの空気は、水深25mでは約何Lになるか。[R5. 4]

（1） 1/25L
（2） 2/7L
（3） 7/20L
（4） 10/25L
（5） 20/7L

問5 学習チェック ☑☑☑

空気をゲージ圧力0.2MPaに加圧したとき、窒素の分圧（絶対圧力）に最も近いものは、次のうちどれか。[R4. 4]

（1） 0.08MPa
（2） 0.16MPa
（3） 0.20MPa
（4） 0.24MPa
（5） 0.32MPa

問6 学習チェック ☑☑☑

3Lの容器Aと2Lの容器Bが活栓を閉じた状態で配管により連結してあり、容器Aには250kPaの酸素が、容器Bには200kPaの窒素が入れてあるとき、活栓を開いて酸素と窒素を混合させたときの混合気体の圧力として正しいものは次のうちどれか。ただし、配管部の容積は無視するものとする。[R3. 10]

（1） 220kPa
（2） 225kPa
（3） 230kPa
（4） 254kPa
（5） 467kPa

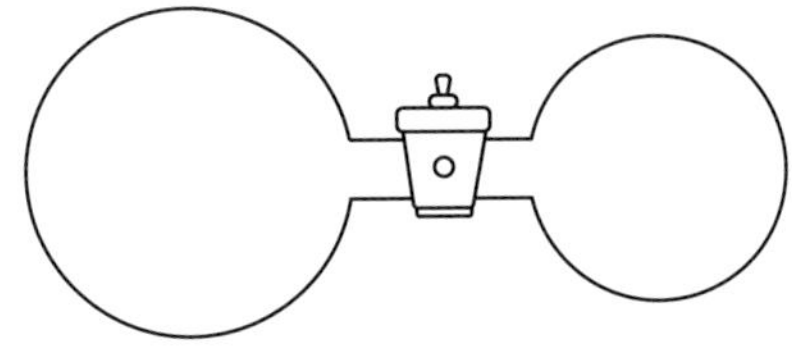

容器A
酸素3L

容器B
窒素2L

問7 学習チェック ☑☑☑

20℃、１Ｌの水に接している0.2MPa（ゲージ圧力）の空気がある。これを0.1MPa（絶対圧力）まで減圧し、水中の窒素が空気中に放出されるための十分な時間が経過したとき、窒素の放出量（0.1MPa（絶対圧力）時の体積）に最も近いものは次のうちどれか。ただし、空気中に含まれる窒素の割合は80％とし0.1MPa（絶対圧力）の窒素100％の気体に接している20℃の水１Ｌには17cm^3の窒素が溶解するものとする。[R3.10]

（１）14cm^3
（２）17cm^3
（３）22cm^3
（４）27cm^3
（５）34cm^3

問8 学習チェック ☑☑☑

0.2MPa（ゲージ圧力）の空気に接している20℃の水１Ｌに溶解する窒素は約何ｇか。ただし、空気中に含まれる窒素の割合は80％とし、0.1MPa（絶対圧力）の窒素100％の気体に接している20℃の水１Ｌには0.020ｇの窒素が溶解するものとする。[R4.10]

（１）0.016ｇ
（２）0.024ｇ
（３）0.032ｇ
（４）0.048ｇ
（５）0.060ｇ

3　気体の特性と性質

（テキスト⇒20P・解答/解説⇒61P）

学習チェック ☑☑☑

問1 学習チェック ☑☑☑

気体の性質に関し、正しいものは次のうちどれか。[R5.4]

（1）ボンベから高圧空気を急速に放出すると温度が上がり、高圧空気中に水分が含まれている場合には、その一部は水蒸気になる。
（2）非常に高い圧力下で気体を混合すると拡散しにくいので、圧力の高い混合気体をつくるときは、低い圧力下で混合した気体を圧縮する。
（3）二酸化炭素は、無色・無臭の気体で、空気中に約0.1%の割合で含まれている。
（4）酸素は無色・無臭の気体であり、可燃性ガスに分類される。
（5）一酸化炭素は、物質の不完全燃焼などによって生じる無色の有毒な気体であるが、異臭があるため発見は容易である。

問2 学習チェック ☑☑☑

気体の性質に関し、正しいものは次のうちどれか。[R4.10]

（1）ヘリウムは、無色・無臭で、化学的に非常に安定した、極めて軽い気体であるが、呼吸抵抗が大きい。
（2）酸素は、無色・無臭の気体で、生命維持に必要不可欠なものであり、空気中の酸素濃度が高いほど人体に良い。
（3）窒素は、大気圧下では化学的に安定した不活性の気体であるが、水深40mを超える高圧下では酸素と反応し、麻酔性を有する物質を生じる。
（4）二酸化炭素は、人体の代謝作用や物質の燃焼によって発生する無色・無臭の気体で、人の呼吸の維持に微量必要なものである。
（5）一酸化炭素は、物質の不完全燃焼などによって生じる無色の有毒な気体であるが、異臭があるため発見は容易である。

問3 学習チェック ☑☑☑

気体の性質などに関し、誤っているものは次のうちどれか。[R4.4]

（1）気体の分子が、圧力（分圧）の高い方から低い方へ散らばって広がることを、「拡散」という。

（2）呼吸により血液中に酸素を取り込み、血液中から二酸化炭素を排出するのは、気体の拡散現象による。

（3）一酸化炭素は、物質の不完全燃焼などによって生じる無色の有毒な気体で、物が焦げたような異臭がある。

（4）窒素は、常温では化学的に安定した不活性の気体である。

（5）空気は、酸素約21％、窒素約78％、二酸化炭素その他の物質が約１％で構成されている。

問4 学習チェック ☑☑☑

気体の性質に関し、正しいものは次のうちどれか。[R3.10]

（1）ヘリウムは、密度が極めて大きく、他の元素と化合しにくい気体で、呼吸抵抗は少ない。

（2）窒素は、化学的に安定した不活性の気体であり、高圧下でも麻酔性などの問題は生じない。

（3）二酸化炭素は、空気中に0.3～0.4％程度の割合で含まれている無色・無臭の気体で、人の呼吸の維持に微量は必要なものである。

（4）酸素は、無色・無臭の気体で、生命維持に必要不可欠なものであり、空気中の酸素濃度が高いほど人体に良い。

（5）一酸化炭素は、無色・無臭の有毒な気体で、物質の不完全燃焼などによって発生する。

問5 学習チェック ☑☑☑

気体の性質に関し、誤っているものは次のうちどれか。[R3.4]

（1）二酸化炭素は、人体の代謝作用や物質の燃焼によって発生する無色・無臭の気体で、人の呼吸の維持に微量必要なものである。

（2）窒素は、無色・無臭で、常温・常圧では化学的に安定した不活性の気体であるが、高圧下では麻酔作用がある。

（3）酸素は無色・無臭の気体であり、可燃性ガスに分類される。

（4）ヘリウムは、無色・無臭で、化学的に非常に安定した、極めて軽い気体である。

（5）一酸化炭素は、無色・無臭の有毒な気体で、物質の不完全燃焼などによって発生する。

問6 学習チェック ☑☑☑

ヘリウムを用いた潜水に関し、誤っているものは次のうちどれか。[R5. 4]

（1）ヘリウムは、呼吸抵抗が、窒素より大きい。

（2）ヘリウムは、熱伝導性が窒素より高いため、潜水者の体温を奪いやすい。

（3）ヘリウムは、水への溶解度が、窒素より小さい。

（4）ヘリウムは、体内から排出される速度が、窒素より大きい。

（5）ヘリウムは、体内に溶け込む速度が、窒素より大きい。

問7 学習チェック ☑☑☑

ヘリウムを用いた潜水に関し、誤っているものはどれか。[R4. 4]

（1）ヘリウムの水への溶解度は、窒素よりも小さい。

（2）ヘリウム混合ガスを短時間の潜水に用いると、かえって減圧に不利となることがある。

（3）ヘリウムは、熱伝導性が高いため、潜水者の体温を奪いやすい欠点がある。

（4）ヘリウムは、体内から排出する速度が、窒素より大きい。

（5）ヘリウムは、体内に溶け込む速度が、窒素より遅い。

4　水中における光や音

（テキスト⇒23P・解答／解説⇒63P）

学習チェック ☑☑☑

問１ 学習チェック ☑☑☑

水中における光や音に関し、誤っているものは次のうちどれか。［R5. 4］

（1）水中では、音に対する両耳効果が減少し、音源の方向探知が困難になる。

（2）水は空気に比べ密度が大きいので、水中では音は空気中に比べ遠くまで伝播（ぱ）する。

（3）水分子による光の吸収の度合いは、光の波長によって異なり、波長の長い赤色は、波長の短い青色より吸収されやすい。

（4）濁った水中では、オレンジ色や黄色で蛍光性のものが視認しやすい。

（5）光は、水と空気の境界では右の図のように屈折し、顔マスクを通して水中の物体を見た場合、実際よりも大きく見える。

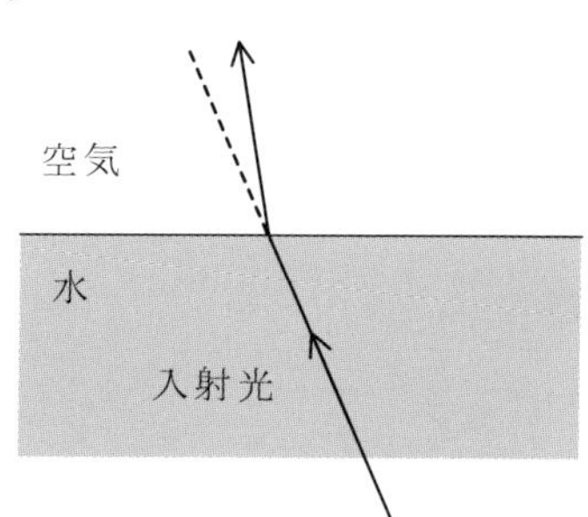

問２ 学習チェック ☑☑☑

水中における光や音に関し、正しいものは次のうちどれか。［R4. 4］

（1）水中では、太陽光線のうち青色が最も吸収されやすいので、物が青のフィルターを通したときのように見える。

（2）水中では、音の伝播（ぱ）速度が非常に速いので、両耳での音源の方向探知が容易になる。

（3）光は、水と空気の境界では右の図のように屈折し、顔マスクを通して水中の物体を見た場合、実際よりも大きく見える。

（4）水中での音の伝播速度は、空気中での約10倍である。

（5）水は空気に比べ密度が大きいので、水中では音は遠くまで伝播する。

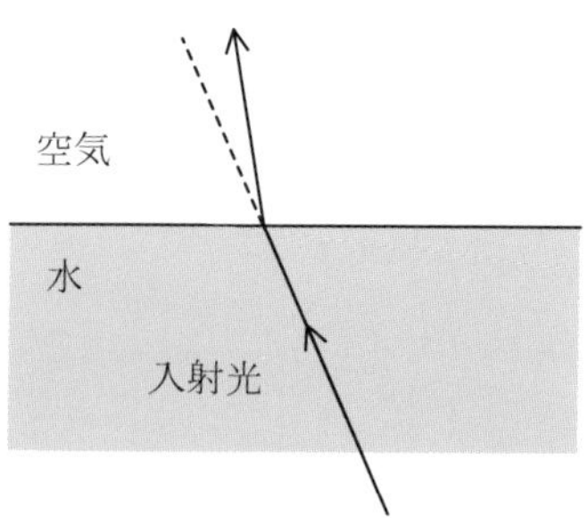

問3 学習チェック ☑☑☑

水中における光や音に関し、正しいものは次のうちどれか。[R3.4]

（1）水中で、物が青のフィルターを通したときのように見えるのは、太陽光線のうち青色が最も水に吸収されやすいためである。

（2）水中では、音の伝播(ぱ)速度が非常に速いので、両耳での音源の方向探知が容易になる。

（3）光は、水と空気の境界では下の図のように屈折し、顔マスクを通して水中の物体を見た場合、実際よりも大きく見える。

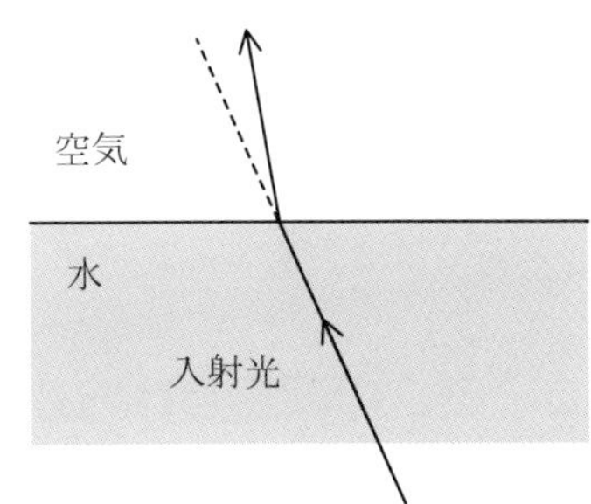

（4）水中での音の伝播速度は、毎秒約330mである。

（5）水は空気に比べ密度が大きいので、水中では音は遠くまで伝播する。

問4 学習チェック ☑☑☑

水中における光や音に関し、正しいものは次のうちどれか。[R4.10]

（1）水分子による光の吸収の度合いは、光の波長によって異なり、波長の長い青色は、波長の短い赤色より吸収されやすい。

（2）水中では、音に対する両耳効果が増すので、音源の方向探知が容易になる。

（3）光は、水と空気の境界では下の図のように屈折し、顔マスクを通して水中の物体を見た場合、実際よりも大きく見える。

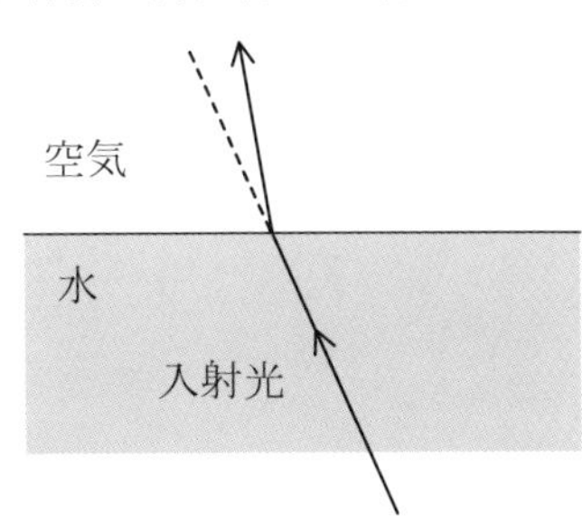

（4）水中での音の伝播(ぱ)速度は、毎秒約1400～1500mである。

（5）水は、空気と比べ密度が大きいので、水中では音は長い距離を伝播することができない。

第1章 潜水業務

問5 学習チェック ☑☑☑

水中における光や音に関し、誤っているものは次のうちどれか。[R3.10]

（1）水中では、音に対する両耳効果が減少し、音源の方向探知が困難になる。

（2）水は空気に比べ密度が大きいので、水中では音は長い距離を伝播（ぱ）することができない。

（3）水分子による光の吸収の度合いは、光の波長によって異なり、波長の長い赤色は、波長の短い青色より吸収されやすい。

（4）濁った水中では、オレンジ色や黄色で蛍光性のものが視認しやすい。

（5）澄んだ水中でマスクを通して近距離にある物を見る場合、実際の位置より近く、また大きく見える。

5　潜水の種類及び方式

（テキスト⇒26P・解説／解答⇒64P）

学習チェック ☑☑☑

問1 学習チェック ☑☑☑

潜水の種類及び方式に関し、誤っているものは次のうちどれか。[R5.4]

（1）全面マスク式潜水は、応需送気式の潜水で、顔面全体を覆うマスクにデマンド式潜水器を組み合わせた潜水器が使用される。

（2）ヘルメット式潜水は、金属製のヘルメットとゴム製の潜水服により構成された潜水器を使用し、複雑な浮力調整などが必要で、その操作には熟練を要する。

（3）送気式潜水は、一般に、船上のコンプレッサーなどによって送気を行う潜水で、比較的長時間の水中作業が可能である。

（4）自給気式潜水は、一般に閉鎖回路型スクーバ式潜水器を使用し、潜水作業者の行動を制限する送気ホースなどが無いので作業の自由度が高い。

（5）全面マスク式潜水は、水中電話の使用が可能である。

問2 学習チェック ☑☑☑

潜水の種類及び方式に関し、正しいものは次のうちどれか。[R4.10]

（1）硬式潜水は、潜水作業者が潜水深度に応じた水圧を直接受けて潜水する方法で、送気方法により送気式と自給気式に分類される。

（2）全面マスク式潜水は、応需送気式の潜水で、デマンド式レギュレーターとして、専用の潜水呼吸器又はスクーバ式潜水用のセカンドステージレギュレーターが利用される。

（3）自給気式潜水は、一般に、リブリーザーを使用した閉鎖循環式スクーバで、潜水作業者の行動を制限する送気ホースなどが無いので作業の自由度が高い。
（4）ヘルメット式潜水は、金属製のヘルメットとゴム製の潜水服により構成された潜水器を使用し、操作は比較的簡単で、複雑な浮力調整が必要ない。
（5）ヘルメット式潜水は、応需送気式の潜水で、一般に船上のコンプレッサーによって送気し、比較的長時間の水中作業が可能である。

問3 学習チェック ☑☑☑

潜水の種類及び方式に関し、正しいものは次のうちどれか。［R4.4］

（1）硬式潜水は、潜水作業者が潜水深度に応じた水圧を直接受けて潜水する方法で、送気方法により送気式と自給気式に分類される。
（2）ヘルメット式潜水は、金属製のヘルメットとゴム製の潜水服により構成された潜水器を使用し、操作は比較的簡単で、複雑な浮力調整が必要ない。
（3）ヘルメット式潜水は、定量送気式の潜水で、一般に船上のコンプレッサーによって送気し、比較的長時間の水中作業が可能である。
（4）自給気式潜水で最も多く用いられている潜水器は、閉鎖循環式潜水器である。
（5）全面マスク式潜水は、ヘルメット式潜水器を小型化した潜水器を使用し、空気消費量が少ない定量送気式の潜水である。

問4 学習チェック ☑☑☑

潜水の種類及び方式に関し、正しいものは次のうちどれか。［R3.10］

（1）全面マスク式潜水は、送気式潜水であるが、安全性の向上のためにボンベを携行することがある。
（2）空気潜水による潜水は、50mの深度まで行うことができる。
（3）ヘルメット式潜水は、常時、連続的に潜水者に送気が行われる応需送気方式である。
（4）スクーバ式潜水は、硬式潜水であり、潜水者は、直接人体に水圧を受ける。
（5）自給気式潜水で一般的に使用されている潜水器は、閉鎖回路型スクーバ式潜水器である。

問5 学習チェック ☑☑☑

潜水の種類及び方式に関し、正しいものは次のうちどれか。[R3.4]

（1）硬式潜水は、潜水作業者が潜水深度に応じた水圧を直接受けて潜水する方法で、送気方法により送気式と自給気式に分類される。

（2）ヘルメット式潜水は、金属製のヘルメットとゴム製の潜水服により構成された潜水器を使用し、操作は比較的簡単で、複雑な浮力調整が必要ない。

（3）ヘルメット式潜水は、応需送気式の潜水で、一般に船上のコンプレッサーによって送気し、比較的長時間の水中作業が可能である。

（4）自給気式潜水で一般的に使用されている潜水器は、開放回路型スクーバ式潜水器である。

（5）全面マスク式潜水は、ヘルメット式潜水器を小型化した潜水器を使用し、空気消費量が少ない定量送気式の潜水である。

6 潜水業務の危険性

(テキスト⇒29P・解説/解答⇒66P)

学習チェック ☑☑☑

問1 学習チェック ☑☑☑

潜水業務の危険性に関し、正しいものは次のうちどれか。[R5.4/R4.10]

（1）水中での溶接・溶断作業では、空気がないのでガス爆発の危険はないが、水は空気よりも電気をよく通すので感電する危険がある。

（2）潮流の速い水域での潜水作業は、減圧症が発生する危険性が高い。

（3）視界の良いときより、海水が濁って視界の悪いときの方が、サメやシャチのような海の生物による危険性が低い。

（4）海中の生物による危険には、サンゴ、フジツボなどによる切り傷、タコ、ウツボなどによる刺し傷のほか、イモガイ類、ガンガゼなどによるかみ傷がある。

（5）潜水作業中、海上衝突を予防するため、潜水作業船に下の図に示す国際信号書A旗板を掲揚する。

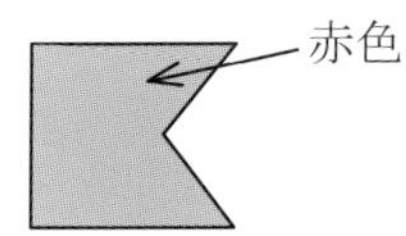

問2 学習チェック ☑☑☑

潜水業務における潮流による危険性などに関し、誤っているものは次のうちどれか。[R4. 4]

（1）潮流の速い水域での潜水作業は、減圧症が発生する危険性が高い。
（2）大潮は、潮の干満の差が大きい状態で、満月の前後数日間をいい、小潮は、潮の干満の差が小さい状態で、新月の前後数日間をいう。
（3）潮流は、開放的な海域では弱いが、湾口、水道、海峡などの狭く、複雑な海岸線をもつ海域では強くなる。
（4）上げ潮と下げ潮との間に生じる潮止まりを憩流といい、潜水作業はこの時間帯に行うようにする。
（5）潮流の速い水域でスクーバ式潜水により潜水作業を行うときは、命綱を使用する。

問3 学習チェック ☑☑☑

潜水業務の危険性に関し、誤っているものは次のうちどれか。[R3. 10]

（1）潮流のある場所における水中作業で潜水作業者が潮流によって受ける抵抗は、スクーバ式潜水が最も小さく、全面マスク式潜水、ヘルメット式潜水の順に大きくなる。
（2）水中作業による事故には、潜水ホースが潜水作業船のスクリューへ接触したり、巻き込まれることなどがある。
（3）水中でのガス溶断作業では、作業時に発生したガスが滞留してガス爆発を起こし、鼓膜を損傷することがある。
（4）サメは海中に流れた僅かな血に対して敏感に反応するので、けがをしたまま、又は血を流している魚を持ったまま潜水することは非常に危険である。
（5）海中の生物による危険には、サンゴ、フジツボなどによる切り傷、タコ、ウツボなどによる刺し傷のほか、イモガイ類、ガンガゼなどによるかみ傷がある。

問4 学習チェック ☑☑☑

潜水業務における潮流による危険性に関し、誤っているものは次のうちどれか。

［R3. 4］

（1）潮流の速い水域での潜水作業は、減圧症が発生する危険性が高い。

（2）潮流は、干潮と満潮がそれぞれ１日に通常２回ずつ起こることによって生じる。

（3）潮流は、開放的な海域では強いが、湾口、水道、海峡などの狭く、複雑な海岸線をもつ海域では弱くなる。

（4）上げ潮と下げ潮との間に生じる潮止まりを憩流といい、潮流の強い海域では、潜水作業はこの時間帯に行うようにする。

（5）送気式潜水では、潮流により送気ホースが流されるため、下の図のＢに示すように適度な状態になるよう、送気ホースを繰り出す長さや潜水作業場所と潜水作業船の係留場所との関係に配慮する。

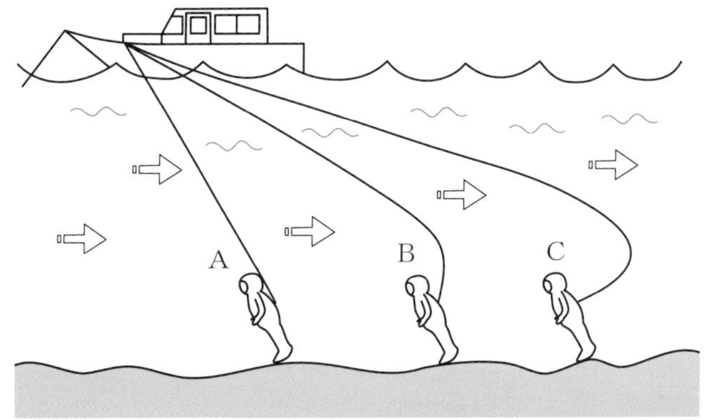

7　潜水事故

(テキスト⇒32P・解説/解答⇒66P)

学習チェック ☑☑☑

問1 学習チェック ☑☑☑

潜水墜落又は吹き上げに関し、誤っているものは次のうちどれか。［R5. 4］

（1）潜水墜落では、一たび浮力が減少して沈降が始まると、水圧が増して浮力が更に減少するという悪循環を繰り返す。

（2）ヘルメット式潜水において、潜水服のベルトの締め付けが不足すると浮力が減少し、潜水墜落の原因となる。

（3）吹き上げは、潜水服内部の圧力と水圧の平衡が崩れ、内部の圧力が水圧より高くなったときに起こる。
（4）吹き上げは、ヘルメット式潜水のほか、ドライスーツを使用する潜水においても起こる可能性がある。
（5）吹き上げ時の対応を誤ると、潜水墜落を起こすことがある。

問2 学習チェック ☑☑☑

ヘルメット式潜水における潜水墜落に関し、誤っているものは次のうちどれか。

［R4. 10］

（1）潜水墜落は、潜水服内部の圧力と水圧の平衡が崩れ、内部の圧力が水圧より低くなったときに起こる。
（2）潜水墜落は、潜水者が頭部を胴体より下にする姿勢をとり、逆立ちの状態になってしまったときに起こる。
（3）一たび浮力が減少して沈降が始まると、水圧が増して浮力が更に減少するという悪循環を繰り返す。
（4）潜水墜落の予防のため、潜水者は潜水深度を変えるときは、必ず船上に連絡する。
（5）潜水墜落の予防のため、送気員は潜水深度に適合した送気量を送気する。

問3 学習チェック ☑☑☑

潜水墜落又は吹き上げに関し、誤っているものは次のうちどれか。［R4. 4］

（1）潜水墜落は、潜水服内部の圧力と水圧の平衡が崩れ、内部の圧力が水圧より低くなったときに起こる。
（2）潜水墜落では、一たび浮力が減少して沈降が始まると、水圧が増して浮力が更に減少するという悪循環を繰り返す。
（3）ヘルメット式潜水では、潜水作業者が頭部を胴体より下にする姿勢をとり、逆立ちの状態になってしまったときに潜水墜落を起こすことがある。
（4）吹き上げは、ヘルメット式潜水のほか、ドライスーツを使用する潜水においても起こる危険性がある。
（5）吹き上げ時の対応を誤ると、逆に潜水墜落を起こすことがある。

問4 学習チェック ☐☐☐

潜水墜落又は吹き上げに関し、誤っているものは次のうちどれか。[R3.10]

（1）潜水墜落は、潜水服内部の圧力と水圧の平衡が崩れ、内部の圧力が水圧より低くなったときに起こる。

（2）ヘルメット式潜水における潜水墜落の原因の一つに潜水作業者への過剰な送気がある。

（3）吹き上げは、潜水服内部の圧力と水圧の平衡が崩れ、内部の圧力が水圧より高くなったときに起こる。

（4）吹き上げは、ヘルメット式潜水のほか、ドライスーツを使用する潜水においても起こる可能性がある。

（5）吹き上げ時の対応を誤ると、潜水墜落を起こすことがある。

問5 学習チェック ☐☐☐

潜水墜落又は吹き上げに関し、正しいものは次のうちどれか。[R3.4]

（1）潜水墜落は、潜水服内部の圧力と水圧の平衡が崩れ、内部の圧力が水圧より高くなったときに起こる。

（2）ヘルメット式潜水では、潜水作業者が頭部を胴体より下にする姿勢をとり、逆立ちの状態になってしまったときに潜水墜落を起こすことがある。

（3）スクーバ式潜水は、送気式ではないので、潜水服としてウエットスーツ又はドライスーツのいずれを使用する場合も、吹き上げの危険性はない。

（4）ヘルメット式潜水においては、潜水服のベルトの締め付け不足は、吹き上げの原因となる。

（5）吹き上げ時の対応を誤ると、逆に潜水墜落を起こすことがあるが、潜水墜落時の対応を誤っても、吹き上げを起こすことはない。

問6 学習チェック ☐☐☐

水中拘束又は溺れに関し、誤っているものは次のうちどれか。[R4.4]

（1）ヘルメット式潜水では、救命胴衣やBCを着用する必要はない。

（2）スクーバ式潜水でドライスーツを着用する場合には、救命胴衣やBCを着用する必要はない。

（3）送気ホースを使用しないスクーバ式潜水でも、水中拘束のおそれがある。

（4）沈船、洞窟などの狭い場所に入る場合には、必ずガイドロープを使用する。

（5）水中拘束によって水中滞在時間が延長した場合には、それに対応する減圧時間によって浮上する。

問7 学習チェック ☑☑☑

水中拘束又は溺れに関し、正しいものは次のうちどれか。［R4. 10/R3. 10］

（1）水中拘束によって水中滞在時間が延長した場合であっても、当初の減圧時間をきちんと守って浮上する。
（2）送気ホースを使用しないスクーバ式潜水では、ロープなどに絡まる水中拘束のおそれはない。
（3）送気式潜水では、送気ホースの切断事故による溺れを予防するため、潜水作業船にクラッチ固定装置やスクリュー覆いを取り付ける。
（4）水が気管に入っただけでは呼吸が止まることはないが、気管支や肺に入ってしまうと窒息状態になって溺れることがある。
（5）ヘルメット式潜水では、溺れを予防するため、救命胴衣又はＢＣを必ず着用する。

問8 学習チェック ☑☑☑

水中拘束又は溺れに関し、正しいものは次のうちどれか。［R5. 4/R3. 4］

（1）魚網の近くで潜水するときは、魚網に絡まる危険を避けるため、信号索や水中ナイフを携行しない。
（2）水中拘束によって水中滞在時間が延長した場合には、延長した時間に応じて浮上時間を短縮する。
（3）沈船、洞窟などの狭い場所では、ガイドロープを使うと絡む危険があるので、使わないようにする。
（4）溺れを防止するため、潜水の方式にかかわらず、救命胴衣又はＢＣを必ず着用するようにする。
（5）スクーバ式潜水では、窒素酔いにより正常な判断ができなくなり、レギュレーターのマウスピースを外して溺れることがある。

8　特殊な環境下の潜水

（テキスト⇒36P・解説/解答⇒68P）

学習チェック ☑☑☑

問1 学習チェック ☑☑☑

特殊な環境下における潜水に関し、正しいものは次のうちどれか。［R5. 4］

（1）スクーバ式潜水とヘルメット式潜水を比較した場合、強潮流下ではヘルメット式潜水の方が抵抗が大きく作業が困難である。

（2）冷水中では、ドライスーツよりウエットスーツの方が体熱の損失が少ない。

（3）河口付近の水域は、一般に視界が悪いが、降雨により視界は向上するので、降雨後は潜水に適している。

（4）汚染のひどい水域では、スクーバ式潜水が適している。

（5）山岳部のダムなど高所域での潜水では、海面より環境圧が低いため、通常よりも短い減圧時間で減圧することができる。

問2 学習チェック ☑☑☑

特殊な環境下における潜水に関し、正しいものは次のうちどれか。

［R4. 10/R4. 4］

（1）スクーバ式潜水とヘルメット式潜水を比較した場合、強潮流下ではヘルメット式潜水の方が抵抗が大きく作業が困難である。

（2）暗渠（きょ）内では、送気ホースが絡まって水中拘束となるおそれがあるため、送気式潜水を行ってはならない。

（3）河口付近の水域は、一般に視界が悪いが、降雨により視界は向上するので、降雨後は潜水に適している。

（4）汚染のひどい水域では、スクーバ式潜水が適している。

（5）山岳部のダムなど高所域での潜水では、海面より環境圧が低いため、通常よりも短い減圧時間で減圧することができる。

問3 学習チェック ☑☑☑

特殊な環境下における潜水に関し、誤っているものは次のうちどれか。

［R3. 10］

（1）暗渠（きょ）内潜水は、非常に危険であるので、潜水作業者には豊富な潜水経験、高度な潜水技術及び精神的な強さが必要とされる。

（2）冷水中では、ウエットスーツよりドライスーツの方が体熱の損失が少ない。

（3）汚染のひどい水域では、スクーバ式潜水が適している。

（4）冷水域での潜水では、呼吸器のデマンドバルブ部分が凍結することがあるので、凍結防止対策が施された潜水器を使用する。

（5）山岳部のダムなど高所域での潜水では、通常の海洋での潜水よりも長い減圧浮上時間が必要となる。

問4 学習チェック ☑☑☑

特殊な環境下における潜水に関し、誤っているものは次のうちどれか。［R3. 4］

（1）河川での潜水では、流れの速さに特に注意する必要があるので、命綱を使用したり、装着するウエイト重量を増やしたりする。

（2）スクーバ式潜水とヘルメット式潜水を比較した場合、強潮流下ではヘルメット式潜水の方が抵抗が大きく作業が困難である。

（3）冷水域での潜水では、呼吸器のデマンドバルブ部分が凍結することがあるので、凍結防止対策が施された潜水器を使用する。

（4）山岳部のダムなど高所域の潜水では、通常の海洋での潜水よりも長い減圧浮上時間が必要となる。

（5）暗渠（きょ）内では、送気ホースが絡まって水中拘束となるおそれがあるため、送気式潜水を行ってはならない。

解答／解説【潜水業務編】

1　圧力と浮力（テキスト⇒8P・問題⇒38P）

解説１　解答（5）

（5）浮力は体積によって変化するため、重心の違いでは**変化しない**。

解説２　解答（4）

（4）密閉容器内に満たされた静止流体中の任意の点に加えた圧力は、その圧力は**同じ強さで**流体の**あらゆる部分**にも伝わる。

解説３　解答（4）

1気圧は次のような関係がある。

1気圧＝1 atm（アトム）＝1 bar（バール）＝0.1MPa。

圧力計が50barの場合、MPaに換算すると**5MPa**になり、atmに換算すると、おおむね**50atm**になる。

解説４　解答（5）

（5）海水中にある物体が受ける浮力は、同一の物体が淡水中で受ける浮力より**大きい**。

解説５　解答（2）

流体中の物体は、その物体が押しのけている流体の質量が及ぼす重力と同じ大きさで上向きの浮力を受ける。

体積50cm^{3}のおもりを水の中に入れると次のとおりになる。

体積50cm^3×水の密度1g/cm^3＝50g

したがって、浮力も50gとなり、ばね秤が示す数値は次のとおりとなる。

おもりの重量－浮力＝400g－50g＝**350g**

2　気体に関する法則 (テキスト⇒13P・問題⇒40P)

解説1　解答（5）

ヘンリーの法則より、

・温度が一定のとき、一定量の液体に溶解する気体の質量は、その気体の圧力に（A：**比例する**)。

・温度が一定のとき、一定量の液体に溶解する気体の体積は、その気体の圧力に（B：**かかわらず一定である**)。

解説2　解答（3）

水深20mの気圧は３気圧（0.1MPa×20m＋１）になる。水深10mでは２気圧（0.1MPa×10m＋１）になり、水深10mの空気の量はボイルの法則より次のとおりとなる。

$P_1 \times V_1 = P_2 \times V_2$

３気圧×10L＝２気圧×xL

x＝**15L**

解説3　解答（2）

大気圧力下の気圧は１気圧になる。水深20mでは３気圧（0.1MPa×20m＋１）にになり、水深20mの空気の量はボイルの法則より次のとおりとなる。

$P_1 \times V_1 = P_2 \times V_2$

１気圧×１L＝３気圧×x

$$x = \frac{1}{3}\ \mathrm{L}$$

解説4　解答（5）

大気圧力下の気圧は１気圧になる。水深25mでは3.5気圧（0.1MPa×25m＋１）になり、水深25mの空気の量はボイルの法則より次のとおりとなる。

$P_1 \times V_1 = P_2 \times V_2$

１気圧×10L＝3.5気圧×x

$$x = \frac{10}{3.5} = \frac{100}{35} = \frac{20}{7}\ \mathrm{L}$$

第1章　潜水業務

解説5　解答（4）

ゲージ圧力0.2MPaの絶対圧力は0.3MPa（ゲージ圧力0.2MPa＋0.1MPa）となる。空気中の窒素の含有率は78%であるため、ダルトンの法則より、窒素の分圧は次のとおりとなる。

窒素の分圧（絶対圧力）＝絶対圧力×空気中の窒素の含有率
＝0.3MPa×78%
＝0.3MPa×0.78＝0.234MPa≒**0.24MPa**

解説6　解答（3）

活栓を開くと体積は5Lになる。酸素及び窒素の分圧（P）はボイルの法則により次のとおりとなる。

〔酸素の分圧〕

$$P_1 \times V_1 = P_2 \times V_2$$

$$250\text{kPa} \times 3\text{ L} = PO_2 \times 5\text{ L}$$

$$PO_2 = \frac{250\text{kPa} \times 3\text{ L}}{5\text{ L}} = 150\text{kPa}$$

〔窒素の分圧〕

$$P_1 \times V_1 = P_2 \times V_2$$

$$200\text{kPa} \times 2\text{ L} = PN_2 \times 5\text{ L}$$

$$PN_2 = \frac{200\text{kPa} \times 2\text{ L}}{5\text{ L}} = 80\text{kPa}$$

よって、ダルトンの法則より、混合気体の圧力は次のとおりとなる。

混合気体の圧力＝PO_2＋PN_2＝150kPa＋80kPa＝**230kPa**

解説7　解答（4）

0.1MPa（絶対圧力）20℃の水1Lに17cm^{3}の窒素が溶解しているため、このときの窒素の量は次のとおりとなる。なお、空気中に含まれる窒素の割合は80%。

17cm^3×80%＝17cm^3×0.8＝13.6cm^3

次にゲージ圧力を絶対圧力に換算する。ゲージ圧0.2MPa＋大気圧0.1MPaで絶対圧力は0.3MPaとなる。

0.1MPa（絶対圧力）の空気中の窒素は20℃の１Ｌの水では窒素は13.6cm^3溶解するため、0.3MPa（絶対圧力）では３倍の圧力となり、次のとおりとなる。

13.6cm^3×３＝40.8cm^3

したがって、0.2MPa（ゲージ圧力）の水１Ｌ（窒素量40.8cm^3）から0.1MPa（絶対圧力）水１Ｌ（窒素量13.6cm^3）まで減圧したときの窒素の放出量は次のとおりとなる。

窒素の放出量＝40.8cm^3－13.6cm^3＝27.2cm^3≒**27cm^3**

解説８　解答（４）

0.1MPa（絶対圧力）20℃の水１Ｌに0.020gの窒素が溶解しているため、このときの窒素の量は次のとおりとなる。なお、空気中に含まれる窒素の割合は80％。

0.020g×80％＝0.020g×0.8＝0.016g

次にゲージ圧力を絶対圧力に換算する。

ゲージ圧0.2MPa＋大気圧0.1MPaで、絶対圧力は0.3MPaとなる。

0.1MPa（絶対圧力）の空気中の窒素は20℃の水１Ｌに0.016g溶解し、0.3MPa（絶対圧力）では３倍の圧力となるため、次のとおりとなる。

0.016g×３＝**0.048g**

３　気体の特性と性質 （テキスト⇒20P・問題⇒43P）

解説１　解答（２）

（１）ボンベから高圧空気を急速に放出すると温度が**下がり**、高圧空気中に水分が含まれている場合には、その一部は**水滴**になる。

（３）二酸化炭素は、空気中に**0.03～0.04％程度**の割合で含まれている無色・無臭の気体で、人の呼吸の維持には、血液中に微量含まれていることが必要である。

（４）酸素は無色・無臭の気体であり、可燃性ガスには**分類されていない**。

（５）一酸化炭素は、物質の不完全燃焼などによって生じ、無色の有毒な気体であるが、**無臭**のため発見は**困難**である。

解説2　解答（4）

（1）ヘリウムは呼吸抵抗が**小さい**。

（2）酸素は、空気中の酸素濃度が高いほど**酸素中毒**を起こすため、酸素濃度が高い酸素は、人体に**良くない**。

（3）水深40mを超える高圧下では、ボンベの窒素が**血液中に溶け込むこと**で、麻酔作用により窒素酔いを引き起こす。

（5）一酸化炭素は、**無臭**のため発見は**困難**である。

解説3　解答（3）

（3）一酸化炭素は、物質の不完全燃焼などによって生じる無色の有害な気体であり、**無臭**であるため発見は困難である。

解説4　解答（5）

（1）ヘリウムは、密度が**小さく**、他の元素と化合しにくい気体で、呼吸抵抗は少ない。

（2）窒素は、化学的に安定した不活性の気体であるが、高圧下では**麻酔作用**があり、窒素酔いを引き起こす。

（3）二酸化炭素は、空気中に**0.03～0.04％程度**の割合で含まれている無色・無臭の気体で、人の呼吸の維持には、血液中に微量含まれていることが必要である。

（4）酸素は、空気中の酸素濃度が高いほど**酸素中毒**を起こすため、酸素濃度が高い酸素は、人体に**良くない**。

解説5　解答（3）

（3）酸素は無色・無臭の気体であり、可燃性ガスには**分類されていない**。

解説6　解答（1）

（1）ヘリウムは、呼吸抵抗が、窒素より**小さい**。

解説7　解答（5）

（5）ヘリウムは、体内に溶け込む速度が、窒素より**速い**。

4　水中における光や音（テキスト⇒23P・問題⇒46P）

解説1　解答（5）

（5）光は、水と空気の境界では右の図のように入射光に対し**より左側に屈折**し、顔マスクを通して水中の物体を見た場合、実際よりも大きく見える。

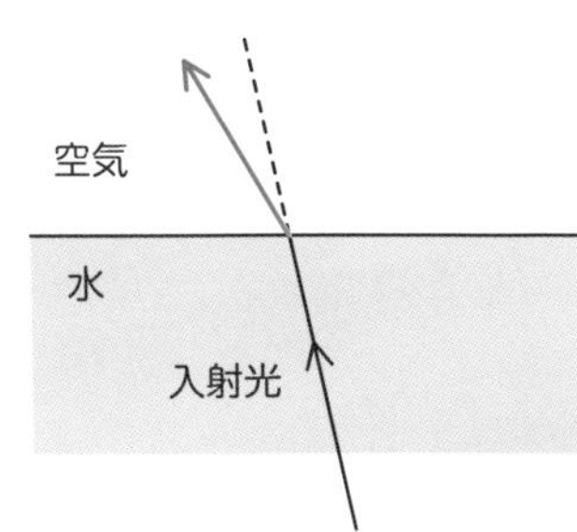

解説2　解答（5）

（1）水中で、物が青のフィルターを通したときのように見えるのは、太陽光線のうち青色が最も水に**吸収されにくい**ためである。

（2）水中では、音の伝播速度が非常に速いので、両耳での音源の方向探知が**困難**になる。

（3）光は、水と空気の境界では右の図のように入射光に対し**より左側に屈折**し、顔マスクを通して水中の物体を見た場合、実際よりも大きく見える。

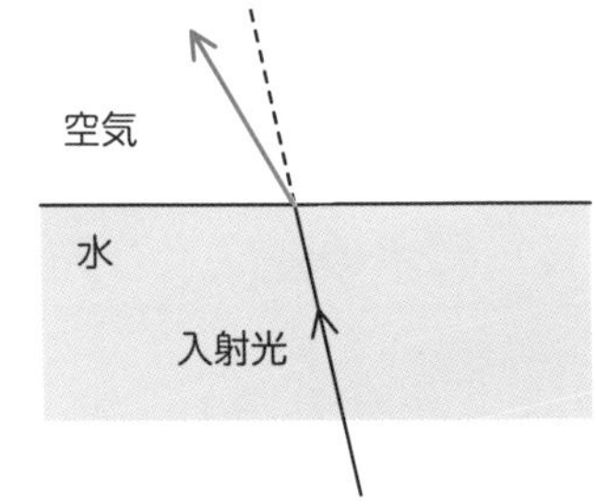

（4）水中での音の伝播速度は、空気中での**約4倍**である。

解説3　解答（5）

（1）水中で、物が青のフィルターを通したときのように見えるのは、太陽光線のうち青色が最も水に**吸収されにくい**ためである。

（2）水中では、音の伝播速度が非常に速いので、両耳での音源の方向探知が**困難**になる。

（3）光は、水と空気の境界では下の図のように入射光に対し**より左側に屈折**し、顔マスクを通して水中の物体を見た場合、実際よりも大きく見える。

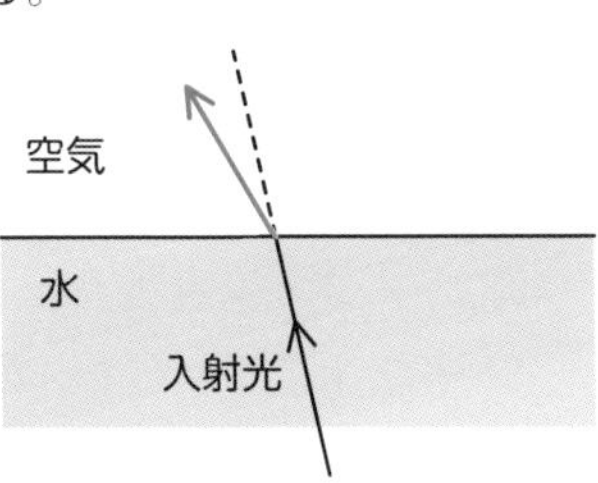

（4）水中での音の伝播速度は、**毎秒約1400m～1500m**である。

解説4 解答（4）

（1）水分子による光の吸収の度合いは、光の波長によって異なり、波長の長い**赤色**は、波長の短い**青色**より吸収されやすい。

（2）水中では、音に対する両耳効果が**減少**し、音源の方向探知が**困難**になる。

（3）光は、水と空気の境界では下の図のように入射光に対し**より左側に屈折**し、顔マスクを通して水中の物体を見た場合、実際よりも大きく見える。

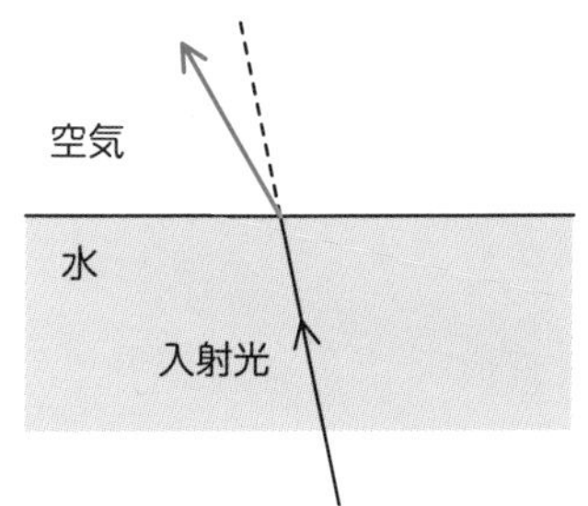

（5）水は空気に比べ密度が大きいので、水中では音は**遠く**まで伝播する。

解説5 解答（2）

（2）水は空気に比べ密度が大きいので、水中では音は**遠く**まで伝播（ぱ）する。

5　潜水の種類及び方式 （テキスト⇒26P・問題⇒48P）

解説1 解答（4）

（4）自給気式潜水は、一般に**開放回路型スクーバ式潜水器**を使用し、潜水作業者の行動を制限する送気ホースなどが無いので作業の自由度が高い。

解説2 解答（2）

（1）設問の内容は、**軟式潜水**。硬式潜水は、潜水者が水や水圧の**影響を受けないように**、硬い殻状の容器（耐圧殻）の中に入って行う潜水方式をいう。

（3）自給気式潜水は、一般に、**開放回路型スクーバ**である。

（4）ヘルメット式潜水は、金属製のヘルメットとゴム製の潜水服により構成された潜水器を使用し、操作は**熟練**を要し、複雑な浮力調整が**必要**である。

（5）ヘルメット式潜水は、**定量送気式**の潜水で、一般に船上のコンプレッサーによって送気し、比較的長時間の水中作業が可能である。

解説3 解答（3）

（1）設問の内容は、**軟式潜水**。硬式潜水は、潜水者が水や水圧の**影響を受けないように**、硬い殻状の容器（耐圧殻）の中に入って行う潜水方式をいう。

（2）ヘルメット式潜水は、金属製のヘルメットとゴム製の潜水服により構成された潜水器を使用し、操作は**熟練**を要し、複雑な浮力調整が**必要**である。

（4）自給気式潜水で最も多く用いられている潜水器は、**開放回路型スクーバ式潜水器**である。

（5）全面マスク式潜水は、**応需送気式**の潜水で、顔面全体を覆うマスクとデマンド式潜水器を組み合わせた潜水である。ヘルメット式潜水器を小型化した潜水器を**使用したものではない**。

解説4 解答（1）

（2）空気潜水による潜水は、**40m**の深度まで行うことができる。高圧則第15条（ガス分圧の制限）⇒218P参照。

（3）ヘルメット式潜水は、常時、連続的に潜水者に送気が行われる**定量送気式**である。

（4）スクーバ式潜水は、**軟式潜水**であるため、潜水者は、直接人体に水圧を受ける。

（5）自給気式潜水で一般的に使用されている潜水器は、**開放回路型スクーバ**が用いられている。

解説5 解答（4）

（1）設問の内容は、**軟式潜水**。硬式潜水は、潜水者が水や水圧の**影響を受けないように**、硬い殻状の容器（耐圧殻）の中に入って行う潜水方式をいう。

（2）ヘルメット式潜水は、金属製のヘルメットとゴム製の潜水服により構成された潜水器を使用し、操作は**熟練**を要し、複雑な浮力調整が**必要**である。

（3）ヘルメット式潜水は、**定量送気式**の潜水で、一般に船上のコンプレッサーによって送気し、比較的長時間の水中作業が可能である。

（5）全面マスク式潜水は、**応需送気式**の潜水で、顔面全体を覆うマスクとデマンド式潜水器を組み合わせた潜水である。ヘルメット式潜水器を小型化した潜水器を**使用したものではない**。

6　潜水業務の危険性 （テキスト⇒29P・問題⇒50P）

解説1　解答（2）

（1）水中では､作業時に発生したガスが滞留して**ガス爆発を起こす**危険があり、感電する危険もある。

（3）海水が濁って視界の悪いときの方が、海の生物による危険性が**高くなる**。

（4）海中の生物による危険には、サンゴ、フジツボなどによる切り傷、タコ、ウツボなどの**かみ傷**、イモガイ類、ガンガゼなどの**刺し傷**がある。

（5）選択肢の図は、**国際信号書B旗板**（危険物を荷役又は運送中）を表している。潜水作業中、海上衝突を予防するため、潜水作業船には右図の国際信号書A旗板を掲揚する。

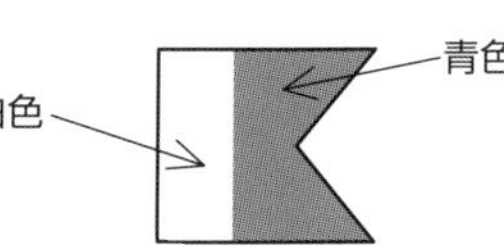

解説2　解答（2）

（2）大潮は、潮の干満の差が大きい状態で、**新月**と**満月**の前後数日間をいい、小潮は、潮の干満の差が小さい状態で、**上弦の月**と**下弦の月**の前後数日間をいう。

解説3　解答（5）

（5）海中の生物による危険には、サンゴ、フジツボなどによる切り傷、タコ、ウツボなどの**かみ傷**、イモガイ類、ガンガゼなどの**刺し傷**がある。

解説4　解答（3）

（3）潮流は、開放的な海域では**弱い**が、湾口、水道、海峡などの狭く、複雑な海岸線をもつ海域では**強く**なる。

7　潜水事故 （テキスト⇒32P・問題⇒52P）

解説1　解答（2）

（2）ヘルメット式潜水において、潜水服のベルトの締め付けが不足すると**下半身の浮力が増加**し、**吹き上げ**の原因となる。

解説2 解答（2）

（2）潜水作業者が頭部を胴体より下にする姿勢をとり、逆立ちの状態になってしまったときに**吹き上げ**を起こすことがある。

解説3 解答（3）

（3）ヘルメット式潜水では、潜水作業者が頭部を胴体より下にする姿勢をとり、逆立ちの状態になってしまったときに**吹き上げ**を起こすことがある。

解説4 解答（2）

（2）ヘルメット式潜水における**吹き上げ**の原因の一つに潜水作業者への過剰な送気がある。

解説5 解答（4）

（1）潜水墜落は、潜水服内部の圧力と水圧の平衡が崩れ、内部の圧力が水圧より**低くなったとき**に起こる。

（2）ヘルメット式潜水では、潜水作業者が頭部を胴体より下にする姿勢をとり、逆立ちの状態になってしまったときに**吹き上げ**を起こすことがある。

（3）スクーバ式潜水では、**ドライスーツ**を使用する場合には、吹き上げの**危険性がある**。

（5）吹き上げ時の対応を誤ると、逆に潜水墜落を起こすことがあるため、潜水墜落時の対応を誤ったときも、吹き上げを**起こすことがある**。

解説6 解答（2）

（2）スクーバ式潜水でドライスーツを着用する場合であっても、救命胴衣やBCを着用する**必要がある**。

解説7 解答（3）

（1）水中滞在時間が延長した場合には、超過してしまった時間に**対応する減圧時間**によって浮上しなければならない。

（2）送気ホースを使用しないスクーバ式潜水であっても、**作業に使用したロープなど**が装備品に絡みつき水中拘束の**おそれがある**。

（4）水が気管に入ったとき、反射的に**呼吸が止まってしまう**場合がある。

第1章 潜水業務

（5）ヘルメット式潜水では、救命胴衣又はBCを着用する**必要はない**。ただし、**スクーバ式潜水**では、溺れを予防するため、救命胴衣又はBCを**必ず着用**する。

解説8 解答（5）

（1）魚網の近くで潜水するときは、魚網に絡まる危険を避けるため、信号索や水中ナイフを**携行する**。水中ナイフ⇒91P参照。

（2）水中拘束によって水中滞在時間が延長した場合には、延長した時間に応じて浮上時間を**延長する**。

（3）沈船、洞窟などの狭い場所では、**必ずガイドロープを使う**ようにする。

（4）溺れを防止するため、**スクーバ潜水**では、救命胴衣又はBCを**必ず着用**するようにする。

8　特殊な環境下の潜水 （テキスト⇒36P・問題⇒56P）

解説1 解答（1）

（2）冷水中では、**ウエットスーツよりドライスーツ**の方が体熱の損失が少ない。

（3）河口付近の水域は、一般に視界が悪いが、降雨により視界は**さらに悪くなる**ため、降雨後は潜水に**適していない**。

（4）汚染のひどい水域では、**全面マスク**若しくは**ヘルメットタイプ潜水器**を使用する**送気式**による潜水が望ましい。

（5）山岳部のダムなど高所域の潜水では、通常の海洋での潜水よりも**長い**減圧浮上時間が必要となる。

解説2 解答（1）

（2）暗渠（きょ）内では、機動性が良いスクーバ式潜水が多く用いられているが、状況によっては送気式潜水の可能性を**最後まで検討する**。なお、米海軍潜水マニュアルでの暗渠内潜水は、送気式潜水で行わなければならない。

（3）河口付近の水域は、一般に視界が悪いが、降雨により視界は**さらに悪くなる**ため、降雨後は潜水に**適していない**。

（4）汚染のひどい水域では、**全面マスク**若しくは**ヘルメットタイプ潜水器**を使用する**送気式潜水**が望ましい。

（5）山岳部のダムなど高所域の潜水では、通常の海洋での潜水よりも**長い**減圧浮上時間が必要となる。

解説3 解答（3）

（3）汚染のひどい水域では、**全面マスク**若しくは**ヘルメットタイプ潜水器**を使用する**送気式潜水**が望ましい。

解説4 解答（5）

（5）暗渠（きょ）内では、機動性が良いスクーバ式潜水が多く用いられているが、状況によっては送気式潜水の可能性を**最後まで検討する**。なお、米海軍潜水マニュアルでの暗渠内潜水は、送気式潜水で行わなければならない。

覚えておこう【潜水業務編】

圧力と気圧

圧力	単位面積当たりの面に【垂直方向】に作用する力
気圧	国際単位系【SI単位】では約【101.3】kPa又は約【0.1013】MPa
	1気圧＝1【atm】＝1【bar】=0.1【MPa】＝1【kg/cm^2】

水中での圧力

水深が【10】m深くなるごとに【1】気圧ずつ増加
水深が同じ場合、受ける圧力は海水中より淡水中がわずかに【小さい】

絶対圧力とゲージ圧

絶対圧力	絶対真空を基準とした圧力で【大気圧】と【ゲージ圧】の和でもある
ゲージ圧力	【絶対圧力】から【大気圧】を引いたもの
	潜水業務において使用される【圧力計】には、ゲージ圧力で表示

浮力

水中にある物体が、水から受ける【上向き】の力
水中にある物体は、これと【同体積】の【水の質量（重量）】に等しい浮力を受ける
淡水中と海水中で同一の物体が受ける浮力は、【淡水中】に比べ、わずかに密度が大きい【海水中】の方が浮力は大きい
圧縮性のある物体は水深が深くなるほど体積が【小さく】なり、浮力は体積に比例するため、浮力は【小さい】

気体に関する法則

ボイルの法則	温度が一定のとき、気体の体積（V）は圧力（P）に【反比例】する
シャルルの法則	気体の圧力を一定にしたとき、体積（V）と絶対温度（T）は【比例】する
ボイル・シャルルの法則	一定量の気体の体積（V）は気体の圧力（P）に【反比例】し、絶対温度（T）に【比例】する
ダルトンの法則	2種類以上の気体により構成される混合気体の【全圧】は、それぞれの気体の【分圧】の和に等しい

ヘンリーの法則	温度が一定のとき、一定量の液体に溶解する気体の質量は、その気体の圧力に【比例】する
	温度が一定のとき、一定量の液体に溶解する気体の体積は、その気体の圧力にかかわらず【一定】である

➡ 気体の性質

拡散	気体の分子が、圧力（分圧）の【高い】方から【低い】方へ散らばって広がることをいう
	呼吸により血液中に酸素を取り込み、血液中から二酸化炭素を排出するのは、気体の【拡散】現象によるもの
空気	【酸素】と【窒素】を主な成分とし、【アルゴン】や【二酸化炭素】で大部分が構成される
	空気の成分の含有率は、窒素が約【78】%、酸素が約【21】%、アルゴンや二酸化炭素などのその他のガスが約【1】%
酸素	【無色】・【無臭】の気体
	【生命維持】に必要不可欠
	空気中の酸素濃度が【高い】ほど酸素中毒を起こす
窒素	【無色】・【無臭】の気体
	【常温】・【常圧】では化学的に安定した【不活性】の気体
	高圧下では【麻酔作用】がある
ヘリウム	【無色】・【無臭】の気体
	燃焼や爆発の危険性が【無く】、極めて【軽い】気体
	化学的に非常に【安定】している
	他の元素と【化合しにくく】、窒素と同じく不活性の気体
	窒素のような【麻酔作用】を起こすことが【少ない】
	窒素に比べて【呼吸抵抗】は【少なくない】
	酸素及び窒素と比べて、熱伝導率が【大きく】、気体密度が【小さい】
二酸化炭素	【無色】・【無臭】の気体
	体の【代謝作用】や物質の【燃焼】によって発生
	空気中に【0.03】～【0.04】%程度の割合で含まれている
	人の呼吸の維持には、血液中に【微量】含まれていることが必要

一酸化炭素	【無色】・【無臭】の【有毒】な気体
	物質の【不完全燃焼】などによって発生する
	呼吸によって体内に入ると、赤血球の【ヘモグロビン】と結合し、酸素の組織への運搬を阻害する

➡ 水中における光の伝播

水中でのものの見え方	光は、密度の異なる媒体を通過するとき、その境界面で進行方向が変化する特性を【屈折】という
	水と空気の境界では図のように屈折する 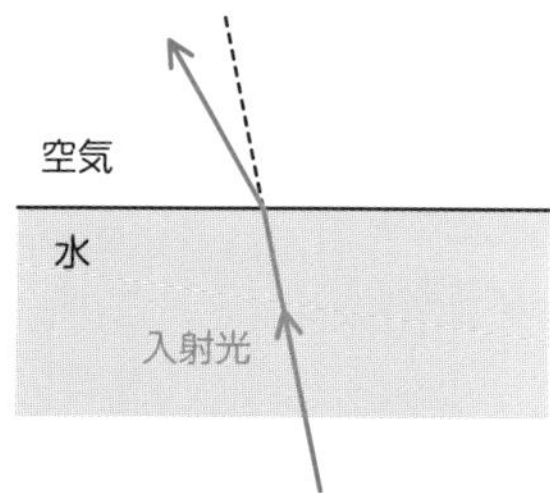
	澄んだ水中でマスクを通して【近距離】にある物を見る場合、物体の位置は実際より【近く】、また【大きく】見える
水中での色	波長が【長い】ほど吸収されやすく、波長の長い【赤色】は波長の短い【青色】より吸収されやすい。
	太陽光線のうち【青色】が最も水に吸収されにくい。
	潜水作業が行われる海中では、【青色】など短い波長の光ほどよく吸収し、【オレンジ色】や【黄色】で蛍光性のものが視認しやすい

➡ 水中における音の伝播

【気体】→【液体】→【固体】の順に音の速さは【大きく】なり、【遠く】まで効率よく伝播する
空気中での音の伝播速度は毎秒約【330】m
水中での音の伝播速度は毎秒約【1,400】～【1,500】m
伝播距離が【長い】ので両耳効果が【減少】し、音源の方向探知が【困難】になる

➔ 潜水の種類及び方式

大気圧潜水（硬式潜水）	潜水者が水や水圧の影響を受けないよう【耐圧殻】の中に入り、【大気圧】の状態で行う潜水
環境潜水（軟式潜水）	潜水作業者が潜水深度に応じた【水圧】を直接受ける潜水
	送気方法により【送気式】潜水と【自給気式】潜水に分類
送気式潜水	船上の【コンプレッサー】などによって送気を行う潜水
	比較的【長時間】の水中作業が可能
	【定量送気】式と【デマンド（応需）】式がある
定量送気式潜水器	潜水者の呼吸動作にかかわらず、常に【一定量】の呼吸ガスを送気する潜水器
	代表的な潜水器は、【ヘルメット式】潜水器
	ヘルメット式潜水は、比較的【長時間】の水中作業が可能だが、呼吸ガスの消費量が【多く】なる
	ヘルメット式潜水は、金属製の【ヘルメット】とゴム製の【潜水服】により構成され、その操作には【熟練】を要する
デマンド式（応需式）潜水器	呼吸に必要な量の送気が行われるため、呼吸ガスの消費量はヘルメット式潜水器の場合よりも【少なく】なる
	顔面全体を覆うマスクとデマンド式潜水器を組み合わせた【全面マスク式】潜水器が潜水業務で最も多く利用されている
自給気式潜水	潜水者が携行する【ボンベ】からの給気を受ける潜水
	スクーバとも呼ばれ、自給気式潜水器は呼吸回路の相違によって【開放】回路型スクーバと【閉鎖】回路型または【半閉鎖】回路型スクーバ（リブリーザ）に区分される
	【開放】回路型スクーバは、潜水者の呼気が直接水中に排出される回路になっており、自給気式潜水器によって行われる潜水業務の多くは、【開放】回路型スクーバである

潜水業務の危険性

潜水業務の危険性	
潮流によるもの	潮流は、干潮と満潮がそれぞれ1日に通常【2回】ずつ起こる
	潮流は、開放的な海域では【弱く】、湾口、水道、海峡などの狭く複雑な海岸線をもつ海域では【強い】
	上げ潮と下げ潮との間に生じる潮止まりを【憩流】といい、潜水作業はこの時間帯に行う
	潮流によって受ける抵抗は、【スクーバ】式潜水が最も小さく、【全面マスク】式潜水、【ヘルメット】式潜水の順に大きくなる
	潮流の速い水域での潜水作業は、【減圧症】が発生する危険性が【高い】
	【スクーバ】式潜水で潜水作業を行うときは、命綱を使用する
送気によるもの	潜水作業においては、【圧縮空気】を呼吸することが【減圧症】や【窒素酔い】の原因となっている
浮力によるもの	浮力による事故には、【潜水墜落】と【吹き上げ】がある
海中の生物によるもの	かみ傷は、【タコ】、【ウツボ】などによる
	切り傷は、【サンゴ類】、【フジツボ】などによる
	刺し傷は、【ガンガゼ】、【イモガイ】などによる
	視界が悪いときには、【サメ】や【シャチ】よる危険性が高い
	サメは海中に流れた僅かな【血】に対し敏感に反応する
その他	水中作業事故には、【送気ホース】が潜水作業船のスクリューへ接触したり、巻き込まれることなどがある
	水中での溶接・溶断作業では、【ガス爆発】や【感電】する危険がある

潜水事故

潜水事故	
潜水墜落	潜水服内部の圧力と水圧の平衡が崩れ、内部の圧力が水圧より【低く】なったときに起こる
	ヘルメット式潜水における潜水墜落の原因の一つに、潜水作業者への送気量の【不足】がある

吹き上げ	潜水服内部の圧力と水圧の平衡が崩れ、内部の圧力が水圧より【高く】なったときに起こる
	吹き上げ時の対応を誤ると、逆に【潜水墜落】を起こすこともある
	ヘルメット式潜水の吹き上げの原因として、 ①潜水服のベルトの締め付けが【不足】して下半身の浮力が【増加】したとき ②潜水作業者が頭部を胴体より【下】にする姿勢をとり、【逆立ち】の状態になってしまったとき ③【排気弁】の操作を誤ったとき ④潜水作業者へ【過剰】な送気をしたとき
	【ドライスーツ】を使用する潜水においても起こる可能性がある
水中拘束	【送気】式潜水では、水中拘束を予防するために、障害物を通過するときは、周囲を回ったり、【下】をくぐり抜けたりせず、その【上】を超える
	水中拘束事故を起こし、水中滞在時間が延長した場合には、当初の減圧時間を水中滞在時間が【延長】した時間に応じて浮上する
	送気ホースを使用しない【スクーバ】式潜水であっても、作業に使用したロープなどが装備品に絡みつき【水中拘束】のおそれがある
溺れ	気管支や肺にまで水が入ってしまい【窒息状態】になって溺れる場合や水が気管に入っただけで【呼吸】が止まって溺れる場合がある
	スクーバ式潜水では、【パニック】状態を起こして溺れたり、【窒素】酔いにより溺れることもある
	【スクーバ】式潜水では、溺れを予防するため、救命胴衣又はBCを必ず着用する
	送気式潜水の溺れに対する予防法は送気ホース切断事故を生じないよう、潜水作業船に【クラッチ固定装置】や【スクリュー覆い】を取り付ける

➡ 特殊な環境下の潜水

海洋での潜水	湖で行う潜水に比べて、海で行う潜水にはより多くの【ウエイト】が必要
河川での潜水	流れの速さに特に注意する必要があるので、【命綱（ライフライン）】を使用したり、装着する【鉛錘（ウエイト）】の重量を増す
	河口付近の水域は、一般に視界が【悪い】が、降雨により視界はさらに【悪く】なり、降雨後は潜水に適していない

暗渠内での潜水	機動性が良い【スクーバ】式潜水が多く用いられているが、状況によっては【送気】式潜水の可能性を最後まで検討する
	非常に危険なため、潜水作業者には豊富な【潜水経験】、高度な【潜水技術】及び【精神的】な強さが必要である
汚染水域での潜水	【スクーバ】式潜水を行わず、露出部を極力少なくした装備で、【全面マスク】若しくは【ヘルメットタイプ】潜水器を使用する【送気】式潜水で行うことが望ましい
冷水域での潜水	冷水中では、【ウエット】スーツより【ドライ】スーツの方が体熱の損失が少ないため必須である
	寒冷地での潜水では、潜水呼吸器の【デマンドバルブ】部分が凍結することがあるので、凍結防止対策が施された【潜水器】を使用する
高所での潜水	山岳部のダムなど高所域での潜水では、海面より環境圧が【低い】ため、通常の海洋での潜水よりも【長い】減圧時間で減圧することが必要である

第2章
送気、潜降及び浮上

1　送気式潜水における送気

学習チェック

➔ コンプレッサーによる送気系統

● ヘルメット式潜水の送気系統

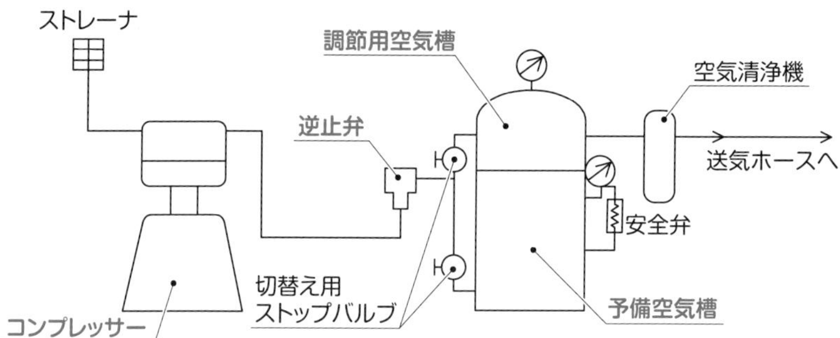

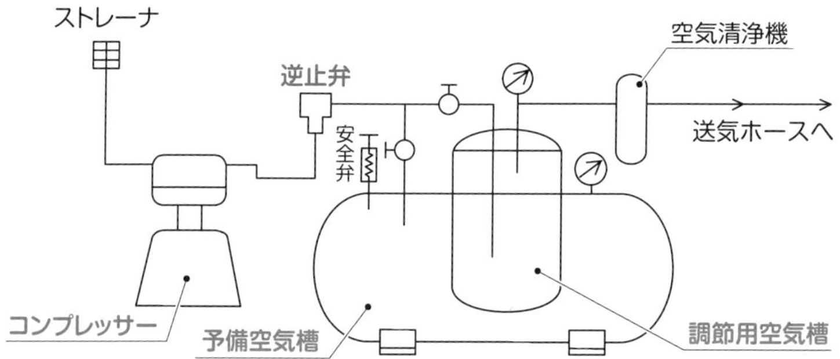

● 全面マスク式潜水の送気系統

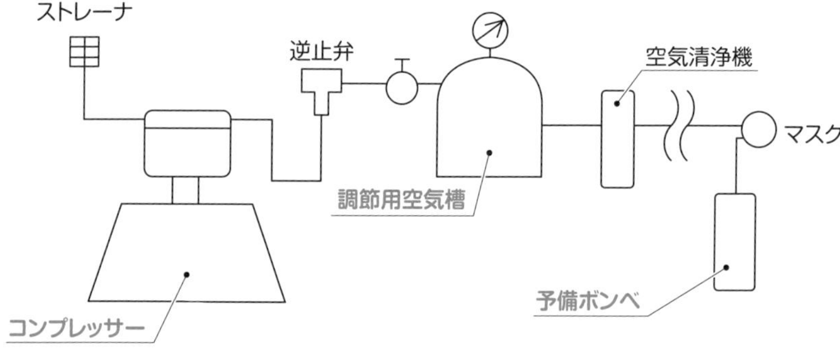

➡ 送気式潜水に使用する設備又は器具

①コンプレッサー

コンプレッサーは原動機で駆動され、ピストンを往復させてシリンダー内の空気を圧縮する構造で、圧縮効率は圧力の上昇に伴い**低下**します。

コンプレッサーには、固定式と移動式があります。

固定式コンプレッサーは潜水作業船に設置される場合が多く、大出力化した原動機（主機）を備える潜水作業船は、コンプレッサー専用の原動機（補機）を設置して駆動するものが**多く**あります。また、コンプレッサーの空気取入口は、常に新鮮な空気を取り入れるため**機関室の外**に設置します。

移動式コンプレッサーは、コンプレッサー、空気槽、原動機を組み合わせて**一体型**とし、重量を100kg程度の小型・軽量としています。

コンプレッサーの機能・性能を保持するためには、原動機とコンプレッサーとの伝動部分をはじめ、冷却装置、圧縮部、潤滑油部などについて保守・点検の**必要**があります。

②空気槽

調節用空気槽は、送気に含まれる水分や油分を**分離する機能**をもち、コンプレッサーから送られる脈流（流れる方向が一定）の圧縮空気は、調節用空気槽によって緩和されます。潜水作業終了後には、空気槽内の**汚物**を**圧縮空気**と一緒に**ドレーンコック**から**排出**させます。

予備空気槽は、コンプレッサーの故障などの**事故が発生した場合**に備えて、必要な空気をあらかじめ**蓄えておく**ための設備で、調節用空気槽と**一体**に組み込まれているものが多く使用されています。潜水前には、予備空気槽の圧力がその日の最高潜水深度の圧力の**1.5倍以上**となっていることを確認します。

③空気清浄装置

フェルトを使用した空気清浄装置は、潜水者に送る圧縮空気から**臭気**や**水分**と**油分**を取り除くものですが、二酸化炭素や一酸化炭素の除去は**できません**。

④送気ホース

送気ホースは、始業前に、ホースの最先端を閉じ、最大使用圧力以上の圧力をかけて、**耐圧性**と**空気漏れの有無**を点検、確認します。

⑤流量計

流量計は、**空気清浄装置**と**送気ホース**との間に取り付けて、潜水作業者に適量の空気が送気されていることを確認する計器で、特定の**送気圧力**による流量が目盛られていて、その圧力以外で送気するには**換算が必要**となります。

ここまでの確認!! 一問一答

問1 学習チェック ☑☑☑ コンプレッサーは、原動機で駆動され、ピストンを往復させてシリンダー内の空気を圧縮する構造となっている。

問2 学習チェック ☑☑☑ コンプレッサーの圧縮効率は、圧力の上昇に伴い低下する。

問3 学習チェック ☑☑☑ 潜水業務終了後、調節用空気槽は、内部に0.1MPa（ゲージ圧力）程度の空気を残すようにしておく。

問4 学習チェック ☑☑☑ 潜水前には、予備空気槽の圧力がその日の最高潜水深度の圧力の1.5倍以上となっていることを確認する。

問5 学習チェック ☑☑☑ フェルトを使用した空気清浄装置は、潜水作業者に送る圧縮空気に含まれる水分と油分のほか、二酸化炭素と一酸化炭素を除去する。

問6 学習チェック ☑☑☑ 送気ホースは、始業前に、ホースの最先端を閉じ、最大使用圧力以上の圧力をかけて、耐圧性と空気漏れの有無を点検・確認する。

問7 学習チェック ☑☑☑ 流量計は、コンプレッサーと調節用空気槽の間に取り付けて、潜水作業者に送られる空気量を測る計器である。

問8 学習チェック ☑☑☑ 流量計には、特定の送気圧力による流量が目盛られており、その圧力以外で送気するには換算が必要である。

解答1 ○

解答2 ○

解答3 × 潜水業務終了後、調節用空気槽は、空気槽内部に**残った圧縮空気**を**ドレーンコック**から**排出**させておく。

解答4 ○

解答5 × 圧縮空気の**臭気**や**水分**と**油分**を**取り除くもの**で、二酸化炭素や一酸化炭素の除去は**できない**。

解答6 ○

解答7 × 流量計は、**空気清浄装置**と**送気ホース**の間に取り付ける。

解答8 ○

Check! ここで計算問題をチェック

問1 学習チェック

毎分20Lの呼吸を行う潜水作業者が、水深10mにおいて、内容積12L、空気圧力19MPa（ゲージ圧力）の空気ボンベを使用してスクーバ式潜水により潜水業務を行う場合の潜水可能時間に最も近いものは次のうちどれか。

ただし、空気ボンベの残圧が5MPa（ゲージ圧力）になったら浮上するものとする。

（1）37分
（2）42分
（3）47分
（4）52分
（5）57分

解答1（2）

はじめに空気消費量（S）を求める。水深10mは2気圧（0.1MPa×10m＋1MPa）になる。

S＝平均呼吸量×気圧（水深）＝20L／分×2気圧＝40L／分

次に内容積12L、空気圧力19MPa（ゲージ圧力）のこの空気ボンベをつかって使用できる空気容量（V）を求める。なお、空気ボンベの残圧が5MPa（ゲージ圧力）になったら浮上するため、空気圧力19MPa（ゲージ圧力）から引くことに注意する。

$$\text{空気容量}(V)=\frac{(\text{空気圧力}-\text{空気ボンベの残圧})\times\text{ボンベ容量}}{\text{大気圧}}$$

$$=\frac{(19\text{MPa}-5\text{MPa})\times12\text{L}}{0.1\text{MPa}}=1680\text{L}$$

最後に空気消費量40L／分と空気容量1680Lから潜水可能時間（T）を求めると、次のとおりになる。

$$\text{潜水可能時間}(T)=\frac{1680\text{L}}{40\text{L}/\text{分}}=\mathbf{42分}$$

第2章 送気、潜降及び浮上

2　潜水の潜降・浮上

学習チェック ☑☑☑

➡ 送気式潜水の潜降

送気式潜水において、潜降を始めるときは潜水はしごを使用して、まず、頭部まで水中に沈んでから潜水器の状態を確認します。

さがり綱（潜降索）により潜降するときは、さがり綱（潜降索）を両足の間に挟み、片手でさがり綱（潜降索）をつかむようにして**徐々に潜降**します。熟練者であっても、**さがり綱（潜降索）**を用いて**潜降**しなければなりません。**さがり綱（潜降索）**を用いず、排気弁の**調節のみ**で潜降すると、潜水墜落などを**引き起こす可能性**があります。なお、スクーバ式潜水時の潜降でも同様です。

潮流がある場合は、潮流によってさがり綱（潜降索）から引き離されないように、潮流の方向に**背を向ける**ようにします。潮流や波浪によって送気ホースに突発的な力が加わることがあるので、潜降中は、送気ホースを腕に**1回転**だけ巻きつけておき、突発的な力が直接潜水器に及ばないようにします。

潜降中に耳の痛みを感じたときは、さがり綱（潜降索）につかまって停止し、あごを左右に動かす、マスクの鼻をつまむなどの**耳抜き**を行います。

潜水作業者と連絡員の間で信号索により連絡を行うとき、発信者からの信号を受けた受信者は、必ず発信者に対して**同じ信号**を送り返さなければなりません。

➡ スクーバ式潜水の潜降・浮上

①スクーバ式潜水の潜降

船の舷から水面までの高さが**1～1.5m程度**であれば、片手でマスクを押さえ、足を先にして水中に飛び込んでも支障はありませんが、**1.5mを超える**ときは飛び込んではなりません。ドライスーツを装着して、岸から海に入る場合には、少なくとも肩の高さまで歩いていき、そこでスーツ内の**余分な空気を排出**します。

潜降を始めるときは、まず、レギュレーターのマウスピースに空気を吹き込み、セカンドステージの低圧室と**マウスピース**内の水を押し出してから呼吸を開始します。

浮力調整具（BC）を装着している場合は、**インフレーター**を肩より上に上げて**排気ボタン**を押して潜降を始めます。

潜降時、耳に圧迫感を感じたときは、**2〜3秒**その水深に止まって耳抜きをします。また、体調不良などで耳抜きがうまくできないときは、**耳栓は使用せず**、潜降を**中止**、若しくは**継続**するかを**検討**します。

潜水中は、できるだけ**一定のリズム**で呼吸を行います。意識的に長時間呼吸を停止するような断続的な呼吸である**スキップ・ブリージング**（途切れ途切れに呼吸すること。スキップ呼吸ともいう）を**行ってはなりません**。潜水中の遊泳は、通常は両腕を伸ばして体側につけて行いますが、視界のきかないときは、腕を**前方に伸ばして**障害物の有無を確認しながら行います。

また、マスクの中に水が入ってきたときは、深く息を吸い込んでマスクの**上端**を顔に押し付け、鼻から強く息を吹き出してマスクの**下端**から水を排出します。

②スクーバ式潜水の浮上

作業が終了したり、浮上開始の予定時間になったとき又は残圧計の針が**警戒領域**に入ったときは、浮上を**開始**します。

浮上時は、さがり綱（潜降索）を使用し、自分が排気した気泡を見ながらその気泡を**追い越さないような速度**を目安とし、**毎分10m**を超えない速度で行います。

緊急浮上を要する場合は、所定の浮上停止を**省略**又は所定の浮上停止時間を**短縮**し、水面まで浮上します。なお、**吹き上げにより**急速に浮上した場合には、**無減圧潜水の範囲内**の潜水であっても、直ちに**再圧処置**を行います。また、無停止減圧の範囲内の潜水の場合でも、**水深３m前後**で**５分間**程度は、安全のため**浮上停止**を行うようにします。

BCを装着したスクーバ式潜水で浮上する場合は、インフレーターを**左手で肩より上に上げて**、インフレーターの**排気ボタンが押せる状態**で顔を上に向け、腕を頭より上に上げ、360°緩やかに**回転しながら**浮上します。

リザーブバルブ付きボンベ使用時に、いったん空気が止まったときは、リザーブバルブを引いて給気を**再開して浮上**を開始します。

エア切れになってしまい、ひとつのレギュレーターを一緒に潜っている人と交互にくわえ、１本のタンクから２人で呼吸しながら浮上するバディブリージングは緊急避難の手段であり、多くの危険が伴うため、実際に行うには十分な訓練が**必須**であり、完全に技術を**習得**しておかなければなりません。

救命胴衣による浮上を行うと、浮上速度が調節できないので、自力で浮上し、救命胴衣は**水面に浮上**してから使用します。水深が浅い場合であっても、浮上の速度調整に救命胴衣は**使用できません**。救命胴衣は、漂流した場合や長時間水面に浮上しなければならない場合などに使用するものです。

ここまでの確認!! 一問一答

問1 学習チェック ☑☑☑ 送気式潜水で潜降を始めるときは、潜水はしごを使用して、まず、頭部まで水中に沈んでから潜水器の状態を確認する。

問2 学習チェック ☑☑☑ 送気式潜水でさがり綱（潜降索）により潜降するときは、さがり綱（潜降索）を両足の間に挟み、片手でさがり綱（潜降索）をつかむようにして徐々に潜降する。

問3 学習チェック ☑☑☑ 送気式潜水で熟練者が潜降するときは、さがり綱（潜降索）を用いず排気弁の調節のみで潜降してよいが、潜降速度は毎分10m程度で行うようにする。

問4 学習チェック ☑☑☑ 送気式潜水において潜降するときに潮流がある場合には、潮流によってさがり綱（潜降索）から引き離されないように、潮流の方向に背を向けるようにする。

問5 学習チェック ☑☑☑ 送気式潜水において潜降する場合、潮流や波浪によって送気ホースに突発的な力が加わることがあるので、潜降中は、送気ホースを腕に１回転だけ巻きつけておき、突発的な力が直接潜水器に及ばないようにする。

問6 学習チェック ☑☑☑ スクーバ式潜水で船の舷から水面までの高さが１～1.5ｍ程度であれば、片手でマスクを押さえ、足を先にして水中に飛び込んでも支障はない。

問7 学習チェック ☑☑☑ BCを装着している場合、インフレーターを肩より上に上げて、給気ボタンを押して潜降を始める。

問8 学習チェック ☑☑☑ 体調不良などで耳抜きがうまくできないときは、耳栓を使用して耳を保護し、潜水する。

問9 学習チェック ☑☑☑ ドライスーツを装着して、岸から海に入る場合には、少なくとも肩の高さまで歩いて行き、そこでスーツ内の余分な空気を排出する。

問10 学習チェック ☑☑☑ 浮上開始の予定時間になったとき又は残圧計の針が警戒領域に入ったときは、浮上を開始する。

問11 学習チェック ☑☑☑ BCを装着している場合に浮上を開始するときは、BCのインフレーターを肩より上に上げて、排気ボタンを押す。

問12 学習チェック ☑☑☑ 水深が浅い場合は、救命胴衣によって速度を調節しながら浮上するようにする。

問13 学習チェック ☑☑☑ 自分が排気した気泡を見ながら、その気泡を追い越さないような速度を目安として、浮上する。

問14 学習チェック ☑☑☑ 視界のきかない水中においては、障害物を避けるため腕を頭の上に伸ばして浮上する。

解答1 ○

解答2 ○

解答3 × 熟練者であっても、さがり綱（潜降索）を**用いて**潜降する。

解答4 ○

解答5 ○

解答6 ○

解答7 × インフレーターを肩より上に上げて、**排気ボタン**を押して潜降を始める。

解答8 × 耳栓は**使用せず**、潜降を**中止**、若しくは**継続**するかを**検討**する。

解答9 ○

解答10 ○

解答11 × インフレーターを左手で肩より上にあげて、インフレーターの排気ボタンが**押せる状態**で顔を上に向け、腕を頭より上に上げ、360°緩やかに**回転**しながら**浮上**する。

解答12 × 水深が浅い場合でも、浮上速度の調整に救命胴衣は**使用しない**。

解答13 ○

解答14 ○

3　ZH-L16モデルに基づく減圧方法

学習チェック ✓ ✓ ✓

➔ ZH-L16モデルに基づく減圧方法

①減圧理論

生体の組織を、半飽和時間の違いにより半飽和組織に16分類し、**不活性ガス**（窒素やヘリウム）**の分圧**を計算する方法です。

②半飽和組織と半飽和時間

半飽和組織とは、高圧下にばく露された体内の組織に溶け込んだ不活性ガスの分圧が**半飽和圧力になるまでに要する時間**に応じて、体内の**組織**を**16分割**した各区分に相当するものです。この半飽和組織は理論上の概念として考える組織（生体の構成要素）であり、特定の個々の組織を示すものではありません。

半飽和時間とは、環境における不活性ガスの圧力が加圧された場合に、**加圧前**の圧力から**加圧後**の飽和圧力の中間の圧力まで不活性ガスが生体内に取り込まれる時間やある組織に不活性ガスが**半飽和するまでにかかる時間**のことをいいます。不活性ガスの半飽和時間が**短い組織**は血流が**豊富**で、半飽和時間が**長い組織**は血流が**乏しく**なります。すべての半飽和組織の半飽和時間は、窒素より**ヘリウム**の方が**短くなります**。

③M値

M値とは、ある環境圧力に対して、労働者の身体が許容できるそれぞれの半飽和組織ごとの**最大の不活性ガス分圧**をいい、半飽和時間が長い組織ほど**小さく**、潜水者が潜っている深度が深くなるほど**大きく**なります。

安全率を1.1を用いる換算M値は、次の式により求めます。

$$換算M値 = \frac{M値}{1.1}$$

④減圧計算

減圧計算において、ある**浮上停止深度**で、不活性ガス分圧がM値を上回るときは、直前の浮上停止深度での浮上停止時間を**増加**させて、不活性ガス分圧がM値より**小さく**なるようにします。

体内不活性ガス分圧及び**許容できる最大不活性ガス分圧（M値）**を計算し、すべての半飽和組織について、体内不活性ガス分圧が許容できる最大不活性ガス分圧（M値）を**超えない**ように、**減圧停止時間**を設定します。半飽和組織のうち**一つでも**不活性ガス分圧がM値を上回ったら、より深い深度で**一定時間浮上停止**するものとして**再計算**を行います。

混合ガス潜水の場合は、窒素及びヘリウムについて、それぞれのガス分圧を計算し合計したものを用いて、M値を**超えない**ようにします。

⑤繰り返し潜水

繰り返し潜水業務を行う場合は、潜水（滞底）時間を**実際の倍にして計算**するなど慎重な対応が必要であり、作業終了後、次の作業まで水上で休息する時間を**十分に設けなかった場合**には、次の作業における減圧時間をより**長く**します。また、水面に浮上した後、更に繰り返して潜水を行う場合は、水上においても大気圧下での不活性ガス分圧の**計算を継続**します。

➲ 潜水作業における酸素分圧、肺酸素毒性量単位（UPTD）及び累積肺酸素毒性単位（CPTD）

一般に、**50kPa**を超える酸素分圧にばく露されると、**肺酸素中毒**に冒されることがわかっています。１気圧の酸素に１分間ばく露されたときに受ける毒性の量を、肺活量の減少の指標として算出する「UPTD（肺酸素毒性量単位）」いう単位で表します。１UPTDは、**100kPa**（約１気圧）の酸素分圧に**１分間**ばく露されたときの毒性単位になります。

$$UPTD = t \times \left(\frac{PO_2 - 50}{50}\right)^{0.83}$$

t：当該区間での経過時間（分）
PO_2：上記 t の間の平均酸素分圧（kPa）
（$PO_2 > 50$ の場合に限る。）

１日あたりの酸素の許容最大被ばく量は、**600UPTD**、１週間当たりの酸素の許容最大被ばく量は、**2,500CPTD**になります。「CPTD」とは累積肺酸素毒性量単位をいいます。

ここまでの確認!! 一問一答

問1 学習チェック ☑☑☑ 生体の組織を、半飽和時間の違いにより16の半飽和組織に分類し、不活性ガスの分圧を計算する。

問2 学習チェック ☑☑☑ 半飽和組織は、理論上の概念として考える組織（生体の構成要素）であり、特定の個々の組織を示すものではない。

問3 学習チェック ☑☑☑ 半飽和時間とは、ある組織に不活性ガスが半飽和するまでにかかる時間のことである。

問4 学習チェック ☑☑☑ 不活性ガスの半飽和時間が短い組織は血流が豊富であり、不活性ガスの半飽和時間が長い組織は血流が乏しい。

問5 学習チェック ☑☑☑ 全ての半飽和組織の半飽和時間は、ヘリウムより窒素の方が短い。

問6 学習チェック ☑☑☑ M値とは、ある環境圧力に対して、労働者の身体が許容できるそれぞれの半飽和組織ごとの最大の不活性ガス分圧である。

問7 学習チェック ☑☑☑ 繰り返し潜水において、作業終了後、次の作業まで水上で休息する時間を十分に設けなかった場合には、次の作業における減圧時間がより短くなる。

問8 学習チェック ☑☑☑ 1UPTDは、100kPa（約1気圧）の酸素分圧に1分間ばく露されたときの毒性単位である。

解答1 ○

解答2 ○

解答3 ○

解答4 ○

解答5 × 窒素より**ヘリウム**の方が短い。

解答6 ○

解答7 × 次の作業における減圧時間をより**長く**する。

解答8 ○

4　潜水業務に使用する器具

学習チェック ☑☑☑

➡ スクーバ式潜水に使用する器具

①ボンベ

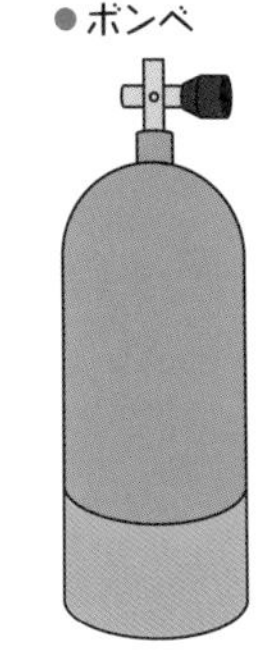
●ボンベ

スクーバ式潜水で用いるボンベは、クロムモリブデン鋼などの鋼合金で製造された**スチールボンベ**と、アルミ合金で製造された**アルミボンベ**があり、空気専用のボンベは、表面積の**2分の1以上がねずみ色**で塗装されています。

スクーバ式潜水で用いるボンベは一般に、内容積**10～14L**で、圧力**19.6MPa（ゲージ圧力）**の高圧空気が充塡され、バルブには、**過剰な空気圧力**が加わると空気を開放する**安全弁**が組み込まれています。また、耐圧、衝撃、気密などの検査が行われ、最高充塡圧力などが**刻印**されています。

ボンベを背中に固定するハーネスは、**バックパック**（プラスチック製の板）、**ナイロンベルト**及び**ベルトバックル**で構成されています。

ボンベに空気を充塡するときは、**一酸化炭素**や**油分**が混入しないようにし、**湿気を含んだ空気**は充塡しないようにします。

ボンベを取り扱うときは、炎天下に**放置しない**ようにするとともに、使用後は水洗いを行い、錆の発生、キズ、破損などがないかを確認し、水の侵入を防ぐために、**1MPa（ゲージ圧力）程度**の空気を残して保管します。

②圧力調整器

●圧力調整器

スクーバ式潜水で用いる圧力調整器は、高圧空気を**環境圧力＋1MPa（ゲージ圧力）**前後に減圧するファーストステージ（第1段減圧部）と、更に**潜水深度の圧力**まで減圧するセカンドステージ（第2段減圧部）から構成されています。ファーストステージには、高圧空気の取出し口と中圧まで減圧した空気の取出し口が設けられており、高圧空気の取出し口には「**HP**」と刻印されています。また、潜水前には、マウスピースをくわえて呼吸し、異常のないことを確認します。

ボンベに圧力調整器を取付ける際は、**ファーストステージ（第１段減圧部）**のヨークをボンベのバルブ上部にはめ込んで、ヨークスクリューで固定します。

圧力調整器は、**潜水前（始業前）**に、ボンベから送気した**空気の漏れ**がないか、呼吸が**スムーズに行える**か、などについて点検します。

③面マスク

●面マスク

スクーバ式潜水で使用するマスクは、顔との密着性が重要で、ストラップをかけないで顔に押しつけてみて呼吸を行い、漏れのないものを使用します。

④潜水服

潜水服には、ウエットスーツとドライスーツの２種類があります。

ウエットスーツは、スポンジ状で内部に多くの気泡を含んだネオプレンゴムを素材としており、内面もしくは内外両面がナイロン張りとなっています。

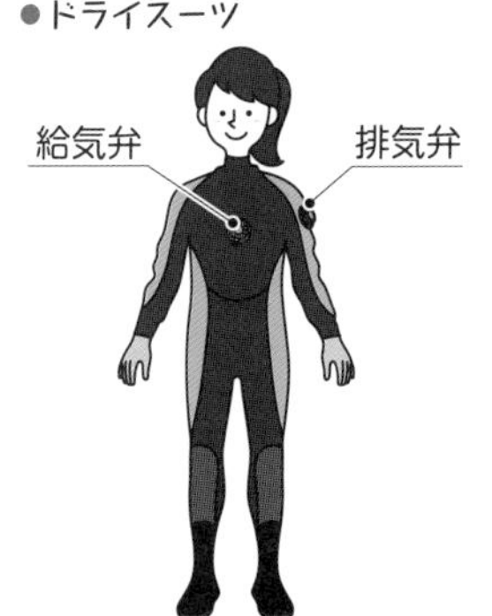

ドライスーツには、レギュレーターから空気を入れる**給気弁**とスーツ内の余剰空気を排出する**排気弁**が付いています。材質はウエットスーツと同じですが、防水性能を高めるため、首部・手首部が伸縮性に富んだゴム材で作られた**防水シール構造**となっており、また、ブーツが一体となっています。

⑤足ヒレ

●オープンヒルタイプ　●フルフィットタイプ

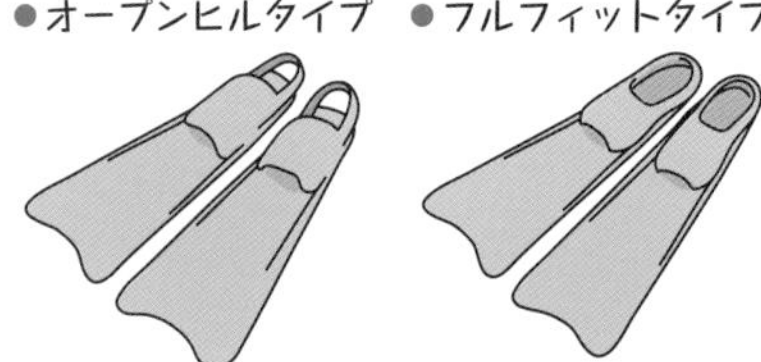

スクーバ式潜水で使用する足ヒレで、爪先だけを差し込み、踵（かかと）をストラップで固定するものを**オープンヒルタイプ**と、ブーツを履いたままはめ込む**フルフィットタイプ**があります。

⑥残圧計

●残圧計

残圧計には、圧力調整器の**ファーストステージ（第１段減圧部）**からボンベの**高圧空気**がホースを通して送られ、ボンベ内の圧力が表示されます。目盛りは最大34MPa程度で、４～５MPa以下の目盛り帯は赤塗りされているものがあり、また、内部には高圧がかかっているので、表示部の針は顔を近づけないで**斜めに見る**ようにします。

⑦水中時計

水中時計には、現在時刻や潜水経過時間を表示するだけでなく、**潜水深度の時間的経過**の記録が可能なものもあります。

⑧水深計

●水深計

２本ある指針のうち１本は現在の**水深**を、他の１本は**潜水中の最大深度**を表示するものを使用することが望ましいです。

⑨BC（浮力調整具）

BCとは浮力調整具のことで、レギュレーターのファーストステージ（第１段減圧部）に接続した**中圧ホース**を介して**空気袋**が膨張して、10～20kgの**浮力を得る**ものです。

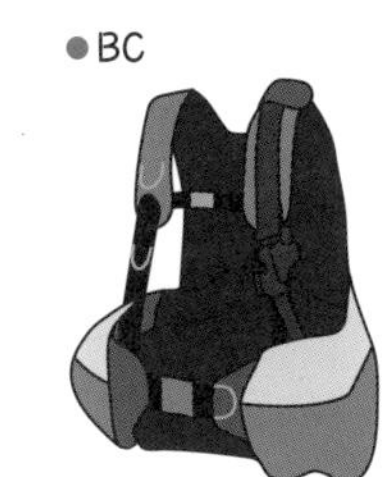
●BC

BCの浮力を増す方法としては、インフレーターの**給気ボタン**を押して、ボンベから空気を送り込む「**パワーインフレーター機能**」による方法と、インフレーターに付いているマウスピースをくわえ**空気を吹き込む**「**オーラルインフレーター機能**」による方法があります。

⑩救命胴衣

救命胴衣は、**液化炭酸ガス**又は**空気のボンベ**が備えられていて、引金を引くと**膨張する**ようになっています。

⑪さがり綱（潜降索）

さがり綱（潜降索）は、丈夫で耐候性のある素材で作られたロープで、**１～２cm**程度の太さのものを、高圧則第33条（⇒221P参照）により水深を示す目印として**３mごと**にマークを付けて使用するように、義務付けられています。

⑫水中ナイフ

●水中ナイフ

水中ナイフは、漁網（魚網）が絡みつき、身体が拘束されてしまった場合などに脱出のために**必要**となります。

⑬コンプレッサー

スクーバ式潜水のボンベの充塡に用いる高圧コンプレッサーの最高充塡圧力は、一般に20MPaですが**30MPa**の機種もあります。

➡ 全面マスク式潜水に使用する器具

①全面マスク式潜水器

全面マスク式潜水器は、ヘルメット式潜水器に比べて**少ない送気量**で潜水することができ、スクーバ式潜水に比べ**長時間の潜水が可能**です。

マスク内には、口と鼻を覆う**口鼻マスク**が取り付けられており、潜水作業者はこの口鼻マスクを介して**給気**を受けます。全面マスク式潜水器は送気式潜水器ですが、**小型のボンベを携行**して潜水することもあります。

全面マスク式潜水器には、全面マスクにスクーバ用の**セカンドステージレギュレーター**を取り付ける簡易なタイプもあります。また、混合ガス潜水に使われる全面マスク式潜水器には、**バンドマスクタイプ**と**ヘルメットタイプ**があります。

●ヘルメットタイプ

②送気ホース

全面マスク式潜水器の送気ホースは、通常、呼び径が**8mm**のものが使われています。送気ホースを使用するためスクーバ潜水ほど広範囲を移動することはありませんが、足ヒレが**必要な場合は用います**。

③潜水服

ウエットスーツまたは**ドライスーツ**を着用します。ドライスーツは、ブーツと一体となっており、潜水靴を**必要としません**。

④その他の器具

水中電話機のマイクロホンは口鼻マスク部に取り付けられ、イヤホンは耳の後ろ付近にストラップを利用して固定されます。また、水中電話があっても故障などに備えて、**信号索**を用意しておくことが望ましいです。

➡ ヘルメット式潜水に使用する器具

①側面窓

ヘルメット式潜水器の側面窓は、**金属製格子**などが取り付けられていて、窓ガラスを**保護**しています。

②送気ホース取付部

送気ホース取付部は、送気された空気が逆流することがないよう、**逆止弁**が設けられています。

③排気弁（キリップ）

排気弁は、潜水服内の**余剰空気**や潜水作業者の**呼気**を**排出**します。操作方法は、潜水作業者が潜水作業者自身が頭で押して操作するほか、手を使って外部から操作することもできます。

④ドレーンコック

ドレーンコックは、潜水作業者が唾などをヘルメットの**外へ排出**するときに使用します。

⑤シコロ（かぶと台）

ヘルメット式潜水器は、ヘルメット本体と**シコロ**で構成され、使用時には着用した潜水服の襟ゴム部分にシコロを取り付けて、**押え金**と**蝶ねじ**で**固定**します。

●ヘルメット式潜水

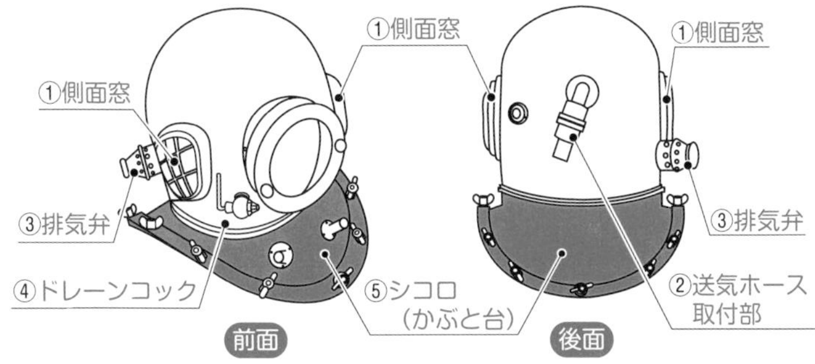

⑥その他

送気用コンプレッサーからは常に一定量の送気が行われているため、**腰バルブ**は、送気量を潜水者が調節する際に使用する**流量調整バルブ**となります。減圧弁は組み込まれていません。

腰バルブは、潜水作業者自身が送気ホースからヘルメットに入る空気量の調節を行うときに使用し、潜水服内の空気が下半身に入り込まないようにするためには、**腰部**をベルトで締め付け、吹き上げを防ぎます。

ヘルメット式潜水の場合、ヘルメット及び潜水服に**重量**があるので、潜水靴は、できるだけ**重量があるもの**を使用し、姿勢を**安定**させます。

ここまでの確認!! 一問一答

問1 学習チェック ☑☑☑ スクーバ式潜水で用いる圧力調整器は、高圧空気を10MPa（ゲージ圧力）前後に減圧するファーストステージ（第1段減圧部）と、更に潜水深度の圧力まで減圧するセカンドステージ（第2段減圧部）から構成される。

問2 学習チェック ☑☑☑ BCは浮力調整具のことで、レギュレーターのファーストステージに接続した高圧ホースを介して空気袋が膨張して、浮力を得るものである。

問3 学習チェック ☑☑☑ 救命胴衣は、引金を引くと圧力調整器の第1段減圧部から高圧空気が出て、膨張するようになっている。

問4 学習チェック ☑☑☑ スクーバ式潜水で使用するドライスーツには、空気を入れる給気弁及び余剰空気を逃す排気弁が設けられている。

問5 学習チェック ☑☑☑ スクーバ式潜水で使用する足ヒレで、爪先だけを差し込み、踵（かかと）をストラップで固定するものをフルフィットタイプという。

問6 学習チェック ☑☑☑ 残圧計には、圧力調整器のセカンドステージ（第2段減圧部）からボンベの高圧空気がホースを通して送られ、ボンベ内の圧力が表示される。

問7 学習チェック ☑☑☑ 全面マスク式潜水器では、ヘルメット式潜水器に比べて多くの送気量が必要となる。

問8 学習チェック ☑☑☑ 全面マスク式潜水器には、全面マスクにスクーバ用のセカンドステージレギュレーターを取り付ける簡易なタイプがある。

問9 学習チェック ☑☑☑ 混合ガス潜水に使われる全面マスク式潜水器には、バンドマスクタイプとヘルメットタイプがある。

問10 学習チェック ☑☑☑ 全面マスク式潜水では、送気ホースの緩み、外れなどにつながるおそれがあるので、足ヒレを用いてはならない。

問11 学習チェック ☑☑☑ 全面マスク式潜水器は送気式潜水器であるが、小型のボンベを携行して潜水することがある。

問12 学習チェック □□□ 全面マスク式潜水器では、水中電話機のマイクロホンは口鼻マスク部に取り付けられ、イヤホンは耳の後ろ付近にストラップを利用して固定される。

問13 学習チェック □□□ 全面マスク式潜水では、スクーバ式潜水に比べ長時間の潜水が可能であることから、保温のためドライスーツを着用し、ウエットスーツを着用することはない。

問14 学習チェック □□□ 排気弁（キリップ）は、潜水作業者自身が頭で押して操作するほか、手を使って外部から操作することもできる。

問15 学習チェック □□□ ヘルメット式潜水器のドレーンコックは、潜水作業者が送気中の水分や油分をヘルメットの外へ排出するときに使用する。

問16 学習チェック □□□ ヘルメット式潜水器では、潜水服内の空気が下半身に入り込まないようにするため、腰部をベルトで締め付ける。

問17 学習チェック □□□ ヘルメット式潜水の場合、ヘルメット及び潜水服に重量があるので、潜水靴は、できるだけ軽量のものを使用する。

問18 学習チェック □□□ ヘルメット式潜水器は、ヘルメット本体とシコロで構成され、使用時には、着用した潜水服の襟ゴム部分にシコロを取り付け、押え金と蝶ねじで固定する。

問19 学習チェック □□□ ヘルメット式潜水器の送気ホース取付部では、送気された空気が逆流することがないよう、逆止弁が設けられている。

問20 学習チェック □□□ ヘルメット式潜水器の腰バルブには減圧弁が組み込まれていて、潜水作業者の呼吸量に応じて自動的に送気空気量を調節する。

解答1 × 圧力調整器は、高圧空気を**環境圧力＋1 MPa**前後に減圧するファーストステージ（第1段減圧部）と、更に潜水深度の圧力まで減圧するセカンドステージ（第2段減圧部）から構成される。

解答2 × レギュレーターのファーストステージに接続した**中圧ホース**を介して空気袋が膨張して、浮力を得る。

解答3 × 救命胴衣は、**液化炭酸ガス**又は**空気ボンベ**を備え、引金を引くとボンベから**ガス**が出て、膨張するようになっている。

解答4　○

解答5　×　爪先だけを差し込み、踵(かかと)をストラップで固定するものは、**オープンヒルタイプ**という。

解答6　×　残圧計には、圧力調整器の**ファーストステージ（第1段減圧部）**からボンベの高圧空気がホースを通して送られ、ボンベ内の圧力が表示される。

解答7　×　全面マスク式潜水器では、ヘルメット式潜水器に比べて**少ない送気量**で潜水できる。

解答8　○

解答9　○

解答10　×　全面マスク式潜水でも、足ヒレが必要な場合は**用いる**。

解答11　○

解答12　○

解答13　×　全面マスク式潜水では、ドライスーツまたは**ウエットスーツ**を着用する。

解答14　○

解答15　×　ドレーンコックは、潜水作業者が**唾など**をヘルメットの外へ排出するときに使用する。

解答16　○

解答17　×　ヘルメット式潜水の場合、ヘルメット及び潜水服に重量があるので、潜水靴は、できるだけ**重量**があるものを使用する。

解答18　○

解答19　○

解答20　×　腰バルブには減圧弁が**組み込まれていない**。

過去問題で総仕上げ

問　題【送気、潜降及び浮上編】

1　送気式潜水における送気

（テキスト⇒78P・解説/解答⇒123P）

学習チェック ☑☑☑

問1 学習チェック ☑☑☑

送気式潜水に使用する設備又は器具に関し、誤っているものは次のうちどれか。

［R5. 4］

（1）全面マスク式潜水では、通常、送気ホースは、呼び径が８mmのものが使われている。

（2）送気ホースには、比重により沈用、半浮用、浮用の３種類のホースがあり、作業内容によって使い分けられる。

（3）流量計には、特定の送気圧力による流量が目盛られており、その圧力以外で送気する場合は換算が必要である。

（4）潜水前には、予備空気槽の圧力がその日の最高潜水深度の圧力の1.5倍以上となっていることを確認する。

（5）終業後、調節用空気槽の内部には0.1MPa（ゲージ圧力）程度の空気を残すようにしておく。

問2 学習チェック ☑☑☑

送気式潜水に使用する設備又は器具に関し、正しいものは次のうちどれか。

［R4. 10］

（1）全面マスク式潜水では、通常、送気ホースは、呼び径が13mmのものが使われている。

（2）コンプレッサーの圧縮効率は、圧力の上昇に伴って高くなる。

（3）流量計には、特定の送気圧力による流量が目盛られており、その圧力以外で送気する場合は換算が必要である。

（4）フェルトを使用した空気清浄装置は、潜水作業者に送る圧縮空気に含まれる水分と油分のほか、二酸化炭素と一酸化炭素を除去する。

（5）終業後、調節用空気槽は、内部に0.1MPa（ゲージ圧力）程度の空気を残すようにしておく。

問3 学習チェック ☑☑☑

送気式潜水に使用する設備又は器具に関し、正しいものは次のうちどれか。

［R4. 4］

（1）全面マスク式潜水では、通常、送気ホースは、呼び径が13mmのものが使われている。

（2）全面マスク式潜水で、コンプレッサーにより送気するときは、調節用空気槽、空気清浄装置及び送気圧を計るための圧力計を必ず設置する。

（3）流量計は、コンプレッサーと調節用空気槽の間に取り付けて、潜水作業者に送られる空気量を測る計器である。

（4）フェルトを使用した空気清浄装置は、潜水作業者に送る圧縮空気に含まれる水分と油分のほか、二酸化炭素と一酸化炭素を除去する。

（5）終業後、調節用空気槽は、内部に0. 1MPa（ゲージ圧力）程度の空気を残すようにしておく。

問4 学習チェック ☑☑☑

送気業務に必要な設備に関し、誤っているものは次のうちどれか。［R3. 10］

（1）流量計は、空気清浄装置と送気ホースの間に取り付けて、潜水作業者に適量の空気が送気されていることを確認する計器である。

（2）流量計には、特定の送気圧力による流量が目盛られており、その圧力以外で送気するには換算が必要である。

（3）送気ホースは、始業前に、ホースの最先端を閉じ、最大使用圧力以上の圧力をかけて、耐圧性と空気漏れの有無を点検・確認する。

（4）潜水前には、予備空気槽の圧力がその日の最高潜水深度の圧力の1. 5倍以上となっていることを確認する。

（5）フェルトを使用した空気清浄装置は、潜水作業者に送る圧縮空気に含まれる水分と油分のほか、二酸化炭素と一酸化炭素を除去する。

問5 学習チェック ☑☑☑

送気式潜水に使用する設備又は器具に関し、正しいものは次のうちどれか。

［R3. 4］

（1）全面マスク式潜水では、通常、送気ホースは、呼び径が13mmのものが使われている。

（2）潜水前には、予備空気槽の圧力がその日の最高潜水深度の圧力の1.5倍以上となっていることを確認する。

（3）流量計は、コンプレッサーと調節用空気槽の間に取り付けて、潜水作業者に送られる空気量を測る計器である。

（4）フェルトを使用した空気清浄装置は、潜水作業者に送る圧縮空気に含まれる水分と油分のほか、二酸化炭素と一酸化炭素を除去する。

（5）潜水業務終了後、調節用空気槽は、内部に0.1MPa（ゲージ圧力）程度の空気を残すようにしておく。

問6 学習チェック ☑☑☑

潜水業務に用いるコンプレッサーなどに関し、誤っているものは次のうちどれか。［R4. 4］

（1）予備空気槽は、コンプレッサーの故障などの事故が発生した場合に備えて、必要な空気をあらかじめ蓄えておくためのものである。

（2）コンプレッサーの機能･性能を保持するためには､原動機とコンプレッサーとの伝動部分をはじめ、冷却装置、圧縮部、潤滑油部などについて保守・点検の必要がある。

（3）潜水作業船に設置する固定式のコンプレッサーの空気取入口は、機関室の外に設置する。

（4）コンプレッサーの圧縮効率は、圧力の上昇に伴い増加する。

（5）スクーバ式潜水のボンベの充塡に用いる高圧コンプレッサーの最高充塡圧力は、一般に約20MPaであるが約30MPaの機種もある。

問7 学習チェック ☑☑☑

潜水業務に用いるコンプレッサーに関し、誤っているものは次のうちどれか。

［R3. 4］

（1）コンプレッサーは、原動機で駆動され、ピストンを往復させてシリンダー内の空気を圧縮する構造となっている。

（2）スクーバ式潜水のボンベの充填に用いる高圧コンプレッサーの最高充填圧力は、一般に約20MPaであるが約30MPaの機種もある。

（3）潜水作業船に設置する固定式のコンプレッサーの空気取入口は、機関室の外に設置する。

（4）大出力化した原動機（主機）を備える潜水作業船は、コンプレッサー専用の原動機（補機）を設置して駆動するものが多い。

（5）コンプレッサーの圧縮効率は、圧力の上昇に伴い増加する。

問8 学習チェック ☑☑☑

潜水業務に用いるコンプレッサーに関する次のAからDの記述について、誤っているものの組合せは（1）～（5）のうちどれか。［R5. 4］

A　スクーバ式潜水のボンベの充填に用いる高圧コンプレッサーの最高充填圧力は、一般に20MPaであるが、30MPaの場合もある。

B　移動式のコンプレッサーは、空気槽を分離式とすることにより、重量を100kg程度にし、小型・軽量となっている。

C　全面マスク式潜水に用いるコンプレッサーの圧縮効率は、圧力の上昇に伴い低下する。

D　潜水作業船に設置する固定式のコンプレッサーとその空気取入口は、機関室に設置する場合が多い。

（1）A，B

（2）A，C

（3）B，C

（4）B，D

（5）C，D

問9 学習チェック ☑☑☑

ヘルメット式潜水の送気系統を示した下の図において、AからCの設備の名称の組合せとして、正しいものは（1）～（5）のうちどれか。[R4.4/R3.10]

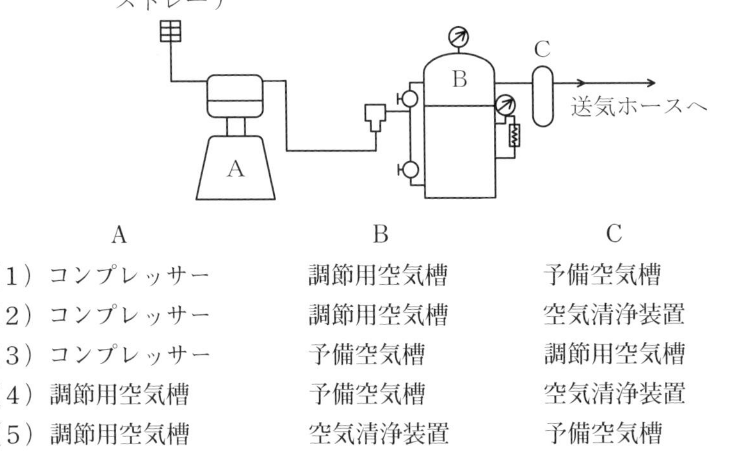

	A	B	C
（1）	コンプレッサー	調節用空気槽	予備空気槽
（2）	コンプレッサー	調節用空気槽	空気清浄装置
（3）	コンプレッサー	予備空気槽	調節用空気槽
（4）	調節用空気槽	予備空気槽	空気清浄装置
（5）	調節用空気槽	空気清浄装置	予備空気槽

問10 学習チェック ☑☑☑

ヘルメット式潜水の送気系統を示した下の図において、AからCの設備の名称の組合せとして、正しいものは（1）～（5）のうちどれか。[R4.10/R3.4]

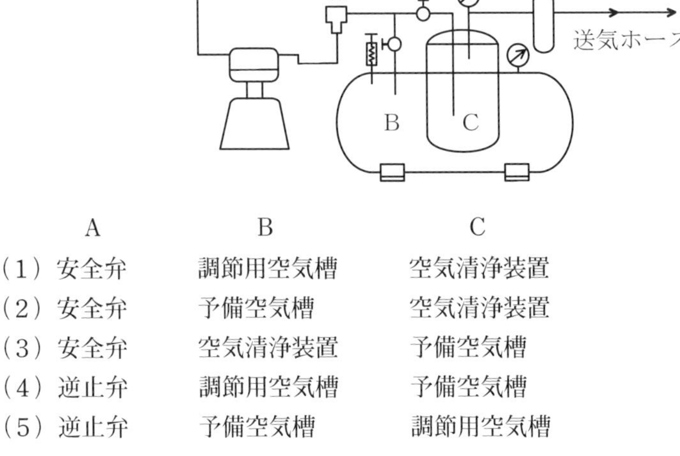

	A	B	C
（1）	安全弁	調節用空気槽	空気清浄装置
（2）	安全弁	予備空気槽	空気清浄装置
（3）	安全弁	空気清浄装置	予備空気槽
（4）	逆止弁	調節用空気槽	予備空気槽
（5）	逆止弁	予備空気槽	調節用空気槽

問11 学習チェック ☑☑☑

全面マスク式潜水の送気系統を示した下の図において、AからCの設備の名称の組合せとして、正しいものは（1）～（5）のうちどれか。[H29.10]

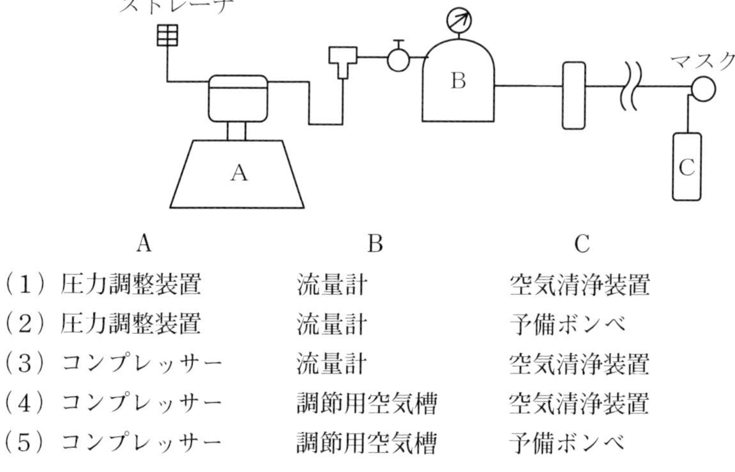

	A	B	C
（1）	圧力調整装置	流量計	空気清浄装置
（2）	圧力調整装置	流量計	予備ボンベ
（3）	コンプレッサー	流量計	空気清浄装置
（4）	コンプレッサー	調節用空気槽	空気清浄装置
（5）	コンプレッサー	調節用空気槽	予備ボンベ

問12 学習チェック ☑☑☑

毎分20Lの呼吸を行う潜水作業者が、水深15mにおいて、内容積14L、空気圧力15MPa（ゲージ圧力）の空気ボンベを使用してスクーバ式潜水により潜水業務を行う場合の潜水可能時間に最も近いものは次のうちどれか。ただし、空気ボンベの残圧が5MPa（ゲージ圧力）になったら浮上するものとする。[R4.10]

（1）7分
（2）28分
（3）42分
（4）46分
（5）70分

問13 学習チェック ☑☑☑

毎分20Lの呼吸を行う潜水作業者が、水深10mにおいて、内容積10L、空気圧力19MPa（ゲージ圧力）の空気ボンベを使用してスクーバ式潜水により潜水業務を行う場合の潜水可能時間として正しいものは次のうちどれか。ただし、空気ボンベの残圧が5MPa（ゲージ圧力）になったら浮上するものとする。

［R3. 10］

（1）17分
（2）35分
（3）50分
（4）70分
（5）100分

問14 学習チェック ☑☑☑

毎分20Lの呼吸を行う潜水作業者が、水深10mにおいて、空気圧力19MPa（ゲージ圧力）の空気ボンベを使用してスクーバ式潜水により40分間潜水業務を行う場合に最低限必要なボンベの内容積に最も近いものは次のうちどれか。ただし、空気ボンベの残圧が5MPa（ゲージ圧力）になったら浮上するものとする。

［R5. 4］

（1）10L
（2）12L
（3）14L
（4）20L
（5）24L

2　潜水の潜降・浮上

（テキスト⇒82P・解説/解答⇒127P）

学習チェック

問1 学習チェック

スクーバ式潜水における潜降の方法などに関し、正しいものは次のうちどれか。

［R4.10］

（1）潜降の際は、口にくわえたレギュレーターのマウスピースに空気を吹き込み、セカンドステージの低圧室とマウスピース内の水を押し出してから、呼吸を開始する。

（2）BCを装着している場合、インフレーターを肩より上に上げて、給気ボタンを押して潜降を始める。

（3）送気式潜水とは異なり、さがり綱（潜降索）を用いずに潜降してよいが、潜降速度は毎分10m程度で行うようにする。

（4）潜水中は、ボンベ内の呼吸ガスの消費を抑えるため、間欠的な呼吸であるスキップ・ブリージングを意識的に行うようにする。

（5）マスクの中に水が入ってきたときは、深く息を吸い込んでマスクの下端を顔に押し付け、鼻から強く息を吹き出してマスクの上端から水を排出する。

問2 学習チェック

送気式潜水における潜降の方法に関し、誤っているものは次のうちどれか。

［H31.4］

（1）潜降を始めるときは、潜水はしごを使用して、まず、頭部まで水中に沈んでから潜水器の状態を確認する。

（2）さがり綱（潜降索）により潜降するときは、さがり綱（潜降索）を両足の間に挟み、片手でさがり綱（潜降索）をつかむようにして徐々に潜降する。

（3）熟練者が潜降するときは、さがり綱（潜降索）を用いず排気弁の調節のみで潜降してよいが、潜降速度は毎分10m程度で行うようにする。

（4）潮流がある場合には、潮流によってさがり綱（潜降索）から引き離されないように、潮流の方向に背を向けるようにする。

（5）潮流や波浪によって送気ホースに突発的な力が加わることがあるので、潜降中は、送気ホースを腕に1回転だけ巻きつけておき、突発的な力が直接潜水器に及ばないようにする。

問3 学習チェック ☑☑☑

送気式潜水における潜降の方法などに関し、誤っているものは次のうちどれか。

［H30. 10］

（1）潜降を始めるときは、潜水はしごを使用して、まず、頭部まで水中に沈んでから潜水器の状態を確認する。

（2）熟練者が潜降するときは、潜降索を用いず排気弁の調整のみで潜降してよいが、潜降速度は毎分10ｍ程度で行うようにする。

（3）潜水作業者は、潜降中に耳の痛みを感じたときは、潜降索につかまって停止し、あごを左右に動かす、マスクの鼻をつまむなどにより耳抜きを行う。

（4）潜水作業者と連絡員の間で信号索により連絡を行うとき、発信者からの信号を受けた受信者は、必ず発信者に対して同じ信号を送り返す。

（5）潮流がある場合には、潮流によって潜降索から引き離されないように、潮流の方向に背を向けるようにする。

問4 学習チェック ☑☑☑

スクーバ式潜水における潜降の方法などに関し、正しいものは次のうちどれか。

［R5. 4］

（1）潜降の際は、口にくわえたレギュレーターのマウスピースに空気を吹き込み、セカンドステージの低圧室とマウスピース内の水を押し出してから、呼吸を開始する。

（2）潜水中は、ボンベ内の呼吸ガスの消費を抑えるため、間欠的な呼吸であるスキップ・ブリージングを意識的に行うようにする。

（3）送気式潜水とは異なり、さがり綱（潜降索）を用いずに潜降してよいが、潜降速度は毎分10ｍ程度で行うようにする。

（4）体調不良などで耳抜きがうまくできないときは、耳栓を使用して耳を保護し、潜水する。

（5）マスクの中に水が入ってきたときは、深く息を吸い込んでマスクの下端を顔に押し付け、鼻から強く息を吹き出してマスクの上端から水を排出する。

問5 学習チェック ☑☑☑

スクーバ式潜水における潜降の方法などに関し、正しいものは次のうちどれか。［R4. 4］

（1）熟練者が潜降するときは、さがり綱（潜降索）を用いず潜降してよいが、潜降速度は毎分10ｍ程度で行うようにする。

（2）BCを装着している場合、インフレーターを肩より上に上げて、給気ボタンを押して潜降を始める。

（3）マスクの中に水が入ってきたときは、深く息を吸い込んでマスクの下端を顔に押し付け、鼻から強く息を吹き出してマスクの上端から水を排出する。

（4）潜水中は、ボンベ内の呼吸ガスの消費を抑えるため、間欠的な呼吸であるスキップ・ブリージングを意識的に行うようにする。

（5）潜水中の遊泳は、通常は両腕を伸ばして体側につけて行うが、視界のきかないときは、腕を前方に伸ばして障害物の有無を確認しながら行う。

問6 学習チェック ☑☑☑

スクーバ式潜水における潜降の方法などに関し、誤っているものは次のうちどれか。［R3. 10］

（1）船の舷から水面までの高さが１～1.5ｍ程度であれば、片手でマスクを押さえ、足を先にして水中に飛び込んでも支障はない。

（2）潜降の際は、口にくわえたレギュレーターのマウスピースに空気を吹き込み、セカンドステージの低圧室とマウスピース内の水を押し出してから、呼吸を開始する。

（3）体調不良などで耳抜きがうまくできないときは、耳栓を使用して耳を保護し、潜水する。

（4）潜水中の遊泳は、通常は両腕を伸ばして体側につけて行うが、視界のきかないときは、腕を前方に伸ばして障害物の有無を確認しながら行う。

（5）マスクの中に水が入ってきたときは、深く息を吸い込んでマスクの上端を顔に押し付け、鼻から強く息を吹き出してマスクの下端から水を排出する。

問7 学習チェック ☑☑☑

スクーバ式潜水における浮上の方法に関し、誤っているものは次のうちどれか。

［R5. 4/R3. 10］

（1）BCを装着したスクーバ式潜水で浮上する場合、インフレーターの排気ボタンが押せる状態で顔を上に向け、体の回転を抑えながら真上に浮上する。

（2）自分が排気した気泡を見ながら、その気泡を追い越さないような速度を目安として、浮上する。

（3）無停止減圧の範囲内の潜水の場合でも、水深３ｍ前後で、５分間程度、安全のため浮上停止を行うようにする。

（4）浮上開始の予定時間になったとき又は残圧計の針が警戒領域に入ったときは、浮上を開始する。

（5）リザーブバルブ付きボンベ使用時に、吸気抵抗が増えてきたら、リザーブバルブを引いて給気を再開して浮上を開始する。

問8 学習チェック ☑☑☑

スクーバ式潜水における潜降の方法などに関し、誤っているものは次のうちどれか。［R3. 4］

（1）船の舷から水面までの高さが1.5ｍを超えるときは、船の甲板などから足を先にして水中に飛び込まない。

（2）潜降の際は、口にくわえたレギュレーターのマウスピースに空気を吹き込み、セカンドステージの低圧室とマウスピース内の水を押し出してから、呼吸を開始する。

（3）マスクの中に水が入ってきたときは、深く息を吸い込んでマスクの上端を顔に押し付け、鼻から強く息を吹き出してマスクの下端から水を排出する。

（4）潜水中は、ボンベ内の呼吸ガスの消費を抑えるため、間欠的な呼吸であるスキップ・ブリージングを意識的に行うようにする。

（5）ドライスーツを装着して、岸から海に入る場合には、少なくとも肩の高さまで歩いて行き、そこでスーツ内の余分な空気を排出する。

問9 学習チェック ☑☑☑

ヘルメット式潜水における浮上の方法（緊急時の措置を含む。）に関し、誤っているものは次のうちどれか。[R4.10]

（1）浮上の際には、さがり綱（潜降索）は使用しないようにする。

（2）緊急浮上の場合以外は、毎分10mを超えない速度で浮上する。

（3）無減圧潜水の範囲内の潜水の場合でも、緊急浮上の場合以外は、水深３m前後で安全のため、５分ほど浮上停止を行うようにする。

（4）緊急浮上を要する場合は、所定の浮上停止を省略し、又は所定の浮上停止時間を短縮し、水面まで浮上する。

（5）吹き上げにより急速に浮上した場合には、無減圧潜水の範囲内の潜水であっても、直ちに再圧処置を行うようにする。

問10 学習チェック ☑☑☑

スクーバ式潜水における浮上の方法に関し、誤っているものは次のうちどれか。

[R4.4]

（1）無停止減圧の範囲内の潜水の場合でも、水深３m前後で約５分、安全のため浮上停止を行うようにする。

（2）水深が浅い場合は、救命胴衣によって速度を調節しながら浮上するようにする。

（3）浮上開始の予定時間になったとき又は残圧計の針が警戒領域に入ったときは、浮上を開始する。

（4）自分が排気した気泡を見ながら、その気泡を追い越さないような速度を目安として、浮上する。

（5）バディブリージングは緊急避難の手段であり、多くの危険が伴うので、実際に行うには十分な訓練が必須であり、完全に技術を習得しておかなければならない。

問11 学習チェック ☑☑☑

スクーバ式潜水における浮上の方法に関し、誤っているものは次のうちどれか。

［R3. 4］

（1）浮上開始の予定時間になったとき又は残圧計の針が警戒領域に入ったときは、浮上を開始する。

（2）BCを装着している場合に浮上を開始するときは、BCのインフレーターを肩より上に上げて、排気ボタンを押す。

（3）救命胴衣によって浮上を行うと、浮上速度が調節できないので、自力で浮上し、救命胴衣は水面に浮上してから使用する。

（4）自分が排気した気泡を見ながら、その気泡を追い越さないような速度を目安として、浮上する。

（5）視界のきかない水中においては、障害物を避けるため腕を頭の上に伸ばして浮上する。

問12 学習チェック ☑☑☑

スクーバ式潜水における浮力調整具の操作などに関する次の文中の［　　］内に入れるAからCの語句の組合せとして、正しいものは（1）～（5）のうちどれか。［R2. 10］

「潜降に当たっては、まず、レギュレーターのマウスピースに空気を吹き込み、セカンドステージの低圧室と［　A　］内の水を押し出してから呼吸を開始する。浮力調整具を装着している場合、［　B　］を肩より上に上げて［　C　］を押して潜降を始める。」

	A	B	C
（1）	マウスピース	中圧ホース	給気ボタン
（2）	マウスピース	インフレーター	排気ボタン
（3）	マスク	中圧ホース	排気ボタン
（4）	マスク	インフレーター	給気ボタン
（5）	マスク	インフレーター	排気ボタン

3 ZH-L16モデルに基づく減圧方法

（テキスト⇒86P・解説/解答⇒129P）

学習チェック ☑☑☑

問1 学習チェック ☑☑☑

生体の組織をいくつかの半飽和組織に分類して不活性ガスの分圧の計算を行うビュールマンのZH-L16モデルに基づく減圧方法に関し、誤っているものは次のうちどれか。[R5.4]

（1）M値とは、ある環境圧力に対して、労働者の身体が許容できる各半飽和組織ごとの最大の不活性ガス分圧である。

（2）M値は、半飽和時間が短い組織ほど大きく、潜水者が潜っている深度が深くなるほど大きい。

（3）M値が所定の計算により求めた全ての半飽和組織での体内不活性ガス分圧の値を超えないように、必要な減圧停止時間を設定する。

（4）半飽和組織における不活性ガス分圧の計算式は、具体的には「生体内外の不活性ガスの移動は不活性ガスの分圧の差が大きいほど速やかで、かつ、時間の経過に伴って指数関数的に行われる。」ということを意味している。

（5）繰り返し潜水において、作業終了後、次の作業まで水上で休息する時間を十分に設けなかった場合には、次の作業における減圧時間がより長くなる。

問2 学習チェック ☑☑☑

生体の組織を幾つかの半飽和組織に分類して不活性ガスの分圧の計算を行うビュールマンのZH-L16モデルにおける半飽和時間及び半飽和組織に関し、誤っているものは次のうちどれか。[R4.10]

（1）環境における不活性ガスの圧力が加圧された場合に、加圧前の圧力から加圧後の飽和圧力の中間の圧力まで不活性ガスが生体内に取り込まれる時間を半飽和時間という。

（2）生体の組織を、半飽和時間の違いにより16の半飽和組織に分類し、不活性ガスの分圧を計算する。

（3）半飽和組織は、理論上の概念として考える組織（生体の構成要素）であり、特定の個々の組織を示すものではない。

（4）不活性ガスの半飽和時間が短い組織は血流が乏しく、不活性ガスの半飽和時間が長い組織は血流が豊富である。

（5）全ての半飽和組織の半飽和時間は、窒素よりヘリウムの方が短い。

問3 学習チェック ☑☑☑

生体の組織をいくつかの半飽和組織に分類して不活性ガスの分圧の計算を行うビュールマンのZH-L16モデルにおける半飽和時間及び半飽和組織に関し、誤っているものは次のうちどれか。[R4. 4]

（1）半飽和時間とは、ある組織に不活性ガスが飽和するまでにかかる時間の半分の時間のことである。
（2）生体の組織を、半飽和時間の違いにより16の半飽和組織に分類し、不活性ガスの分圧を計算する。
（3）半飽和組織は、理論上の概念として考える組織（生体の構成要素）であり、特定の個々の組織を示すものではない。
（4）不活性ガスの半飽和時間が短い組織は血流が豊富であり、不活性ガスの半和時間が長い組織は血流が乏しい。
（5）全ての半飽和組織の半飽和時間は、ヘリウムより窒素の方が長い。

問4 学習チェック ☑☑☑

生体の組織をいくつかの半飽和組織に分類して不活性ガスの分圧の計算を行うビュールマンのZH-L16モデルにおけるM値及び不活性ガス分圧の計算に関し、誤っているものは次のうちどれか。[R3. 10/R2. 4]

（1）M値とは、ある環境圧力に対して身体が許容できる最大の体内不活性ガス分圧をいう。
（2）M値は、半飽和時間が長い組織ほど小さく、潜水者が潜っている深度が深くなるほど大きい。
（3）半飽和組織は、理論上の概念として考える組織（生体の構成要素）であり、特定の個々の組織を示すものではない。
（4）減圧計算において、ある浮上停止深度で、不活性ガス分圧がM値を上回るときは、直前の浮上停止深度での浮上停止時間を増加させて、不活性ガス分圧がM値より小さくなるようにする。
（5）繰り返し潜水において、作業終了後、次の作業まで水上で休息する時間を十分に設けなかった場合には、次の作業における減圧時間がより短くなる。

問5 学習チェック ☑☑☑

生体の組織をいくつかの半飽和組織に分類して不活性ガスの分圧の計算を行うビュールマンのZH-L16モデルに基づく減圧方法に関し、誤っているものは次のうちどれか。[R3. 4]

（1）半飽和組織とは、高圧下にばく露された体内の組織に溶け込んだ不活性ガスの分圧が半飽和圧力になるまでに要する時間に応じて、体内の組織を16分割した各区分に相当するものである。

（2）M値とは、ある環境圧力に対して、労働者の身体が許容できるそれぞれの半飽和組織ごとの最大の不活性ガス分圧である。

（3）M値は、半飽和時間が長い組織ほど小さく、潜水者が潜っている深度が深くなるほど大きい。

（4）半飽和組織は、理論上の概念として考える組織（生体の構成要素）であり、特定の個々の組織を示すものではない。

（5）繰り返し潜水において、作業終了後、次の作業まで水上で休息する時間を十分に設けなかった場合には、次の作業における減圧時間がより短くなる。

4　潜水業務に使用する器具

（テキスト⇒89P・解説/解答⇒130P）

学習チェック ☑☑☑

問1 学習チェック ☑☑☑

スクーバ式潜水に用いられるボンベ、圧力調整器（レギュレーター）などに関し、誤っているものは次のうちどれか。[R4. 10]

（1）ボンベには、クロムモリブデン鋼などの鋼合金で製造されたスチールボンベと、アルミ合金で製造されたアルミボンベがある。

（2）ボンベを取り扱うときは、炎天下に放置しないようにするとともに、使用後は水洗いする。

（3）ボンベへの圧力調整器の取付けは、ファーストステージのヨークをボンベのバルブにはめ込んで、ヨークスクリューで固定する。

（4）圧力調整器は、始業前に、ボンベから送気した空気の漏れがないか、呼吸がスムーズに行えるか、などについて点検する。

（5）圧力調整器は、高圧空気を10MPa（ゲージ圧力）前後に減圧するファーストステージ（第１段減圧部）と、更に潜水深度の圧力まで減圧するセカンドステージ（第２段減圧部）から構成される。

問2 学習チェック ☑☑☑

スクーバ式潜水に用いられるボンベ、圧力調整器（レギュレーター）などに関し、誤っているものは次のうちどれか。［R4.4］

（1）ボンベには、クロムモリブデン鋼などの鋼合金で製造されたスチールボンベと、アルミ合金で製造されたアルミボンベがある。

（2）残圧計には、圧力調整器のファーストステージ（第1段減圧部）からボンベの中圧空気がホースを通して送られ、ボンベ内の圧力が表示される。

（3）ボンベは、一般に、内容積が10～14Lで、充塡圧力は19.6MPa（ゲージ圧力）である。

（4）ボンベは、耐圧、衝撃、気密などの検査が行われ、最高充塡圧力などが刻印されている。

（5）圧力調整器は、始業前に、ボンベから送気した空気の漏れがないか、呼吸がスムーズに行えるか、などについて点検する。

問3 学習チェック ☑☑☑

スクーバ式潜水に使用する器具に関する次の記述のうち、誤っているものはどれか。［R3.10］

（1）BCは浮力調整具のことで、レギュレーターのファーストステージに接続した高圧ホースを介して空気袋が膨張して、浮力を得るものである。

（2）BCの浮力を増す方法としては、インフレーターの給気ボタンを押して、ボンベから空気を送り込む「パワーインフレーター機能」による方法と、インフレーターに付いているマウスピースをくわえ空気を吹き込む「オーラルインフレーター機能」による方法がある。

（3）残圧計の目盛りは最大34MPa程度で、4～5MPa以下の目盛り帯は赤塗りされているものがある。

（4）ウエットスーツは、スポンジ状で内部に多くの気泡を含んだネオプレンゴムを素材としており、内面もしくは内外両面がナイロン張りとなっている。

（5）圧力調整器のファーストステージには、高圧空気の取出し口と中圧まで減圧した空気の取出し口が設けられており、高圧空気の取出し口には「HP」と刻印されている。

問4 学習チェック ☐☐☐

スクーバ式潜水に用いられるボンベに関し、誤っているものは次のうちどれか。

［R3. 4］

（1）ボンベには、クロムモリブデン鋼などの鋼合金で製造されたスチールボンベと、アルミ合金で製造されたアルミボンベがある。

（2）ボンベは、一般に、内容積が10～14Lで、充塡圧力は19. 6MPa（ゲージ圧力）である。

（3）空気専用ボンベは、ボンベの表面積の２分の１以上がねずみ色に塗装されている。

（4）ボンベからの高圧空気は、ファーストステージでその水深の環境圧力に0. 1MPaを加えた中圧空気に減圧され、中圧ホースを通してセカンドステージに送られた後、潜水深度に応じた圧力に減圧される。

（5）ボンベのバルブには、過剰な空気圧力が加わると空気を開放する安全弁が組み込まれている。

問5 学習チェック ☐☐☐

スクーバ式潜水及び全面マスク式潜水に用いられるボンベ、圧力調整器（レギュレーター）などに関し、誤っているものは次のうちどれか。［R5. 4］

（1）ボンベに空気を充塡するときは、一酸化炭素や油分が混入しないようにし、また、湿気を含んだ空気は充塡しないようにする。

（2）全面マスク式潜水で用いる圧力調整器は、高圧空気を10MPa（ゲージ圧力）前後に減圧するファーストステージ（第１段減圧部）と、更に潜水深度の圧力まで減圧するセカンドステージ（第２段減圧部）から構成される。

（3）全面マスク式潜水は送気式潜水であるが、圧力調整器を用いるほか、小型のボンベを携行して潜水することがある。

（4）ボンベの残圧を表示する残圧計の内部には高圧がかかっているので、表示部の針は顔を近づけないで斜めに見るようにする。

（5）スクーバ式潜水で用いる圧力調整器は、潜水前に、マウスピースをくわえて呼吸し、異常のないことを確認する。

問6 学習チェック ☑☑☑

全面マスク式潜水の装備に関し、正しいものは次のうちどれか。[R4.10]

（1）全面マスク式潜水器のマスク内には、口と鼻を覆う口鼻マスクが取り付けられており、潜水作業者はこの口鼻マスクを介して給気を受ける。

（2）コンプレッサーから圧縮空気を送気する場合は、送気中の圧縮空気の汚染を防止するため、途中に空気槽などを設けてはならない。

（3）全面マスク式潜水器では、ヘルメット式潜水器に比べて多くの送気量が必要となる。

（4）全面マスク式潜水では、送気ホースの緩み、外れなどにつながるおそれがあるので、足ヒレを用いてはならない。

（5）全面マスク式潜水では、スクーバ式潜水に比べ長時間の潜水が可能であることから、保温のためドライスーツを着用し、ウエットスーツを着用することはない。

問7 学習チェック ☑☑☑

全面マスク式潜水の装備に関し、誤っているものは次のうちどれか。[R5.4]

（1）全面マスク式潜水では、送気ホースの緩み、外れなどにつながるおそれがあるので、足ヒレを用いてはならない。

（2）混合ガス潜水に使われる全面マスク式潜水器には、バンドマスクタイプとヘルメットタイプがある。

（3）全面マスク式潜水器のマスク内には、口と鼻を覆う口鼻マスクが取り付けられており、潜水作業者はこの口鼻マスクを介して給気を受ける。

（4）全面マスク式潜水器には、全面マスクにスクーバ用のセカンドステージレギュレーターを取り付ける簡易なタイプがある。

（5）全面マスク式潜水器では、ヘルメット式潜水器に比べて少ない送気量で潜水することができる。

問8 学習チェック ☑☑☑

全面マスク式潜水の装備に関し、誤っているものは次のうちどれか。

［R4. 4/R3. 4］

（1）全面マスク式潜水では、送気ホースの緩み、外れなどにつながるおそれがあるので、足ヒレを用いてはならない。

（2）混合ガス潜水に使われる全面マスク式潜水器には、バンドマスクタイプとヘルメットタイプがある。

（3）全面マスク式潜水器のマスク内には、口と鼻を覆う口鼻マスクが取り付けられており、潜水作業者はこの口鼻マスクを介して給気を受ける。

（4）全面マスク式潜水器には、全面マスクにスクーバ用のセカンドステージレギュレーターを取り付ける簡易なタイプがある。

（5）全面マスク式潜水器は送気式潜水器であるが、小型のボンベを携行して潜水することがある。

問9 学習チェック ☑☑☑

全面マスク式潜水器に関し、誤っているものは次のうちどれか。［R3. 10］

（1）全面マスク式潜水器では、ヘルメット式潜水器に比べて多くの送気量が必要となる。

（2）全面マスク式潜水器には、全面マスクにスクーバ用のセカンドステージレギュレーターを取り付ける簡易なタイプがある。

（3）混合ガス潜水に使われる全面マスク式潜水器には、バンドマスクタイプとヘルメットタイプがある。

（4）全面マスク式潜水器のマスク内には、口と鼻を覆う口鼻マスクが取り付けられており、潜水作業者はこの口鼻マスクを介して給気を受ける。

（5）全面マスク式潜水器では、水中電話機のマイクロホンは口鼻マスク部に取り付けられ、イヤホンは耳の後ろ付近にストラップを利用して固定される。

問10 学習チェック ☑☑☑

ヘルメット式潜水器などに関し、誤っているものは次のうちどれか。[R5.4]

(1) 腰バルブは、潜水作業者自身が送気ホースからヘルメットに入る空気量の調節を行うときに使用する。
(2) ドレーンコックは、吹き上げのおそれがある場合など緊急の排気を行うときに使用する。
(3) ヘルメット式潜水器は、ヘルメット本体とシコロで構成され、使用時には、着用した潜水服の襟ゴム部分にシコロを取り付け、押え金と蝶(ちょう)ねじで固定する。
(4) 排気弁（キリップ）は、潜水作業者自身が頭で押して操作するほか、手を使って外部から操作することもできる。
(5) ヘルメットの送気ホース取付口には、逆止弁が組み込まれていて、この弁で送気された圧縮空気の逆流を防ぐ。

問11 学習チェック ☑☑☑

ヘルメット式潜水器などに関し、誤っているものは次のうちどれか。[R4.4]

(1) 余剰空気や呼気を排出するときは、頭部を使って排気弁を操作する。
(2) ヘルメットの送気ホース取付部には、送気された空気が逆流することがないよう、逆止弁が設けられている。
(3) ドレーンコックは、送気中の水分や油分をヘルメットの外へ排出するときに使用する。
(4) ヘルメット式潜水器は、ヘルメット本体とかぶと台で構成され、使用時には、着用した潜水服の襟ゴム部分にかぶと台を取り付け、押え金と蝶(ちょう)ねじで固定する。
(5) 潜水服内の空気が下半身に入り込まないようにするため、腰部をベルトで締め付ける。

問12 学習チェック ☑☑☑

ヘルメット式潜水器などに関し、誤っているものは次のうちどれか。[R3.10]

（1）ヘルメットの側面窓には、金属製格子などが取り付けられて窓ガラスを保護している。

（2）ドレーンコックは、潜水作業者が唾をヘルメットの外に排出するときに使用する。

（3）潜水服内の空気が下半身に入り込まないようにするため、腰部をベルトで締め付ける。

（4）腰バルブには減圧弁が組み込まれていて、潜水作業者の呼吸量に応じて自動的に送気空気量を調節する。

（5）ヘルメットの送気ホース取付口には逆止弁が組み込まれていて、この弁で送気の逆流を防ぐ。

問13 学習チェック ☑☑☑

下の図はヘルメット式潜水器のヘルメットをスケッチしたものであるが、図中に▓▓▓又は（　　）で示すA～Eの部分に関し、誤っているものは次のうちどれか。[R4.10]

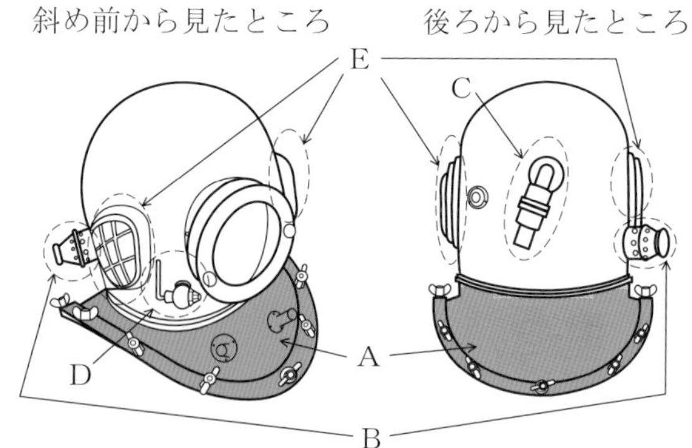

（1）Aの▓▓▓部分はシコロで、潜水服の襟ゴム部分に取り付け、押え金と蝶（ちょう）ねじで固定する。

（2）Bの（　　）部分は排気弁で、潜水作業者が自分の頭部を使ってこれを操作して余剰空気や呼気を排出する。

（3）Cの（　　）部分は送気ホース取付部で、送気された空気が逆流することがないよう、逆止弁が設けられている。

（4）Dの　部分はドレーンコックで、吹き上げのおそれがある場合など緊急の排気を行うときに使用する。

（5）Eの　部分は側面窓で、金属製格子などが取り付けられて窓ガラスを保護している。

問14 学習チェック ☑☑☑

下の図はヘルメット式潜水器のヘルメットをスケッチしたものであるが、図中に　又は　で示すA～Eの部分に関し、正しいものは次のうちどれか。

［R3. 4］

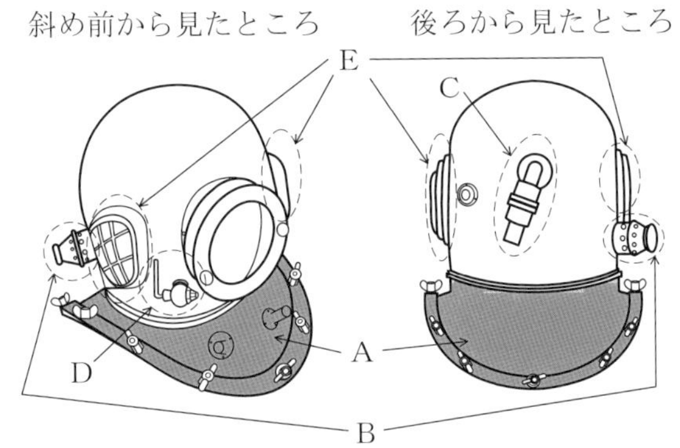

（1）Aの　部分はかぶと台で、高い水圧下でも水が浸入することがないよう、ヘルメット本体とは溶接によって固定されている。

（2）Bの　部分は送気ホース取付部で、内側には給気弁が設けられており、潜水作業者が自分の頭部を使って給気弁を操作し、給気量を調整する。

（3）Cの　部分は排気弁で、給気弁と連動して空気量を調整できるようになっている。

（4）Dの　部分はドレーンコックで、吹き上げのおそれがある場合など緊急の排気を行うときに使用する。

（5）Eの　部分は側面窓で、金属製格子などが取り付けられて窓ガラスを保護している。

問15 学習チェック ☑☑☑

潜水業務に必要な器具に関し、誤っているものは次のうちどれか。[R4. 10]

（1）水深計には、２本の指針により現在の水深及び潜水中の最大深度を表示する方式のものがある。

（2）スクーバ式潜水で使用するオープンヒルタイプの足ヒレは、爪先だけを差し込み、踵（かかと）をストラップで固定する方式である。

（3）スクーバ式潜水で使用するドライスーツには、レギュレーターから空気を入れる給気弁とスーツ内の余剰空気を排出する排気弁が付いている。

（4）ヘルメット式潜水で使用する潜水服は、体温保持と浮力調節のため内部に相当量の空気を蓄えることができる。

（5）浮力調整具は、これに備えられた液化炭酸ガスボンベから入れるガスにより浮力を得るものである。

問16 学習チェック ☑☑☑

潜水業務に使用する器具に関し、誤っているものは次のうちどれか。[R2. 4]

（1）BCは、これに備えられた液化炭酸ガスボンベから入れるガスにより、10～20kgの浮力が得られる。

（2）ドライスーツは、防水性能を高めるため、首部・手首部が伸縮性に富んだゴム材で作られ、また、ブーツが一体となっている。

（3）スクーバ式潜水用ドライスーツには、レギュレーターのファーストステージから空気を入れることができる給気弁及びドライスーツ内の余剰空気を逃がす排気弁が取り付けられている。

（4）スクーバ式潜水で使用するオープンヒルタイプの足ヒレは、爪先だけを差し込み、踵（かかと）をストラップで固定する方式である。

（5）ヘルメット式潜水の場合、潜水靴は、姿勢を安定させるため、重量のあるものを使用する。

問17 学習チェック ☑☑☑

潜水業務に使用する器具に関し、誤っているものは次のうちどれか。[R4.4]

（1）救命胴衣は、引金を引くと圧力調整器のファーストステージ（第1段減圧部）から高圧空気が出て、膨張するようになっている。

（2）水深計には、2本の指針により現在の水深及び潜水中の最大深度を表示する方式のものがある。

（3）スクーバ式潜水用ドライスーツには、レギュレーターのファーストステージから空気を入れることができる給気弁及びドライスーツ内の余剰空気を逃がす排気弁が取り付けられている。

（4）さがり綱（潜降索）は、丈夫で耐候性のある素材で作られたロープで、太さ1～2cm程度のものを使用する。

（5）ヘルメット式潜水の場合、潜水靴は、姿勢を安定させるため、重量のあるものを使用する。

問18 学習チェック ☑☑☑

潜水業務に必要な器具に関し、誤っているものは次のうちどれか。[R3.10]

（1）スクーバ式潜水で使用する足ヒレで、爪先だけを差し込み、踵(かかと)をストラップで固定するものをフルフィットタイプという。

（2）信号索は、水中電話があっても故障などに備えて用意しておくことが望ましい。

（3）さがり綱（潜降索）は、丈夫で耐候性のある素材で作られたロープで、太さ1～2cm程度のものを使用する。

（4）ヘルメット式潜水の場合、潜水靴は、姿勢を安定させるため、重量のあるものを使用する。

（5）スクーバ式潜水で使用するマスクは、顔との密着性が重要で、ストラップをかけないで顔に押しつけてみて呼吸を行い、漏れのないものを使用する。

問19 学習チェック ☑☑☑

潜水業務に必要な器具に関し、誤っているものは次のうちどれか。[R3.4]

（1）スクーバ式潜水で使用する足ヒレで、爪先だけを差し込み、踵（かかと）をストラップで固定するものをフルフィットタイプという。

（2）スクーバ式潜水で使用するドライスーツには、空気を入れる給気弁及び余剰空気を逃す排気弁が設けられている。

（3）救命胴衣は、液化炭酸ガス又は空気のボンベを備え、引金を引くと救命胴衣が膨張するようになっている。

（4）ヘルメット式潜水の場合、潜水靴は、姿勢を安定させるため、重量のあるものを使用する。

（5）水中時計には、現在時刻や潜水経過時間を表示するだけでなく、潜水深度の時間的経過の記録が可能なものもある。

問20 学習チェック ☑☑☑

潜水業務に使用する器具に関し、正しいものは次のうちどれか。[R5.4]

（1）BCは、これに備えられた液化炭酸ガスボンベから入れるガスにより、浮力を得るものである。

（2）救命胴衣は、引金を引くと圧力調整器の第1段減圧部から高圧空気が出て、膨張するようになっている。

（3）スクーバ式潜水で使用するウエットスーツには、レギュレーターから空気を入れる給気弁とスーツ内の余剰空気を排出する排気弁が付いている。

（4）さがり綱（潜降索）は、丈夫で耐候性のある素材で作られたロープで、1～2cm程度の太さのものとし、水深を示す目印として3mごとにマークを付ける。

（5）ヘルメット式潜水の場合、ヘルメット及び潜水服に重量があるので、潜水靴は、できるだけ軽量のものを使用する。

1　送気式潜水における送気（テキスト⇒78P・問題⇒97P）

解説1　解答（5）

（5）終業後、調節用空気槽は、空気槽内部に残った圧縮空気を**ドレーンコック**から**排出**させておく。

解説2　解答（3）

（1）全面マスク式潜水では、通常、送気ホースは、呼び径が**8mm**のものが使われている。

（2）コンプレッサーの圧縮効率は、圧力の上昇に伴い**低下する**。

（4）フェルトを使用した空気清浄装置は、潜水者に送る圧縮空気から**臭気**や**水分**と**油分**を取り除くもので、二酸化炭素や一酸化炭素の**除去はできない**。

（5）終業後、調節用空気槽は、空気槽内部に残った圧縮空気を**ドレーンコック**から**排出**させておく。

解説3　解答（2）

（1）全面マスク式潜水では、通常、送気ホースは、呼び径が**8mm**のものが使われている。

（3）流量計は、**空気清浄装置**と**送気ホース**の間に取り付けて、潜水作業者に送られる空気量を測る計器である。

（4）フェルトを使用した空気清浄装置は、潜水者に送る圧縮空気から**臭気**や**水分**と**油分**を取り除くもので、二酸化炭素や一酸化炭素の**除去はできない**。

（5）終業後、調節用空気槽は、空気槽内部に残った圧縮空気を**ドレーンコック**から**排出**させておく。

解説4　解答（5）

（5）フェルトを使用した空気清浄装置は、潜水者に送る圧縮空気から**臭気**や**水分**と**油分**を取り除くもので、二酸化炭素や一酸化炭素の**除去はできない**。

解説5　解答（2）

（1）全面マスク式潜水では、通常、送気ホースは、呼び径が**8mm**のものが使われている。

（3）流量計は、**空気清浄装置**と**送気ホース**の間に取り付けて、潜水作業者に送られる空気量を測る計器である。

（4）フェルトを使用した空気清浄装置は、潜水者に送る圧縮空気から**臭気**や**水分**と**油分**を取り除くもので、二酸化炭素や一酸化炭素の**除去はできない**。

（5）潜水業務終了後、調節用空気槽は、空気槽内部に残った圧縮空気を**ドレーンコック**から**排出**させておく。

解説6　解答（4）

（4）コンプレッサーの圧縮効率は、圧力の上昇に伴い**低下する**。

解説7　解答（5）

（5）コンプレッサーの圧縮効率は、圧力の上昇に伴い**低下する**。

解説8　解答（4）

B．**誤り**：移動式のコンプレッサーは、コンプレッサー、空気槽、原動機を組み合わせて**一体型**することにより、重量を100kg程度にし、小型・軽量となっている。

D．**誤り**：潜水作業船に設置する固定式のコンプレッサーの空気取入口は、**機関室の外**に設置する。

解説9　解答（2）

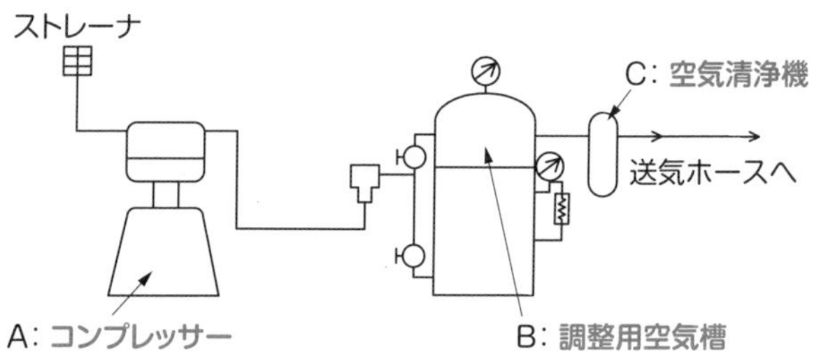

解説10　解答（5）

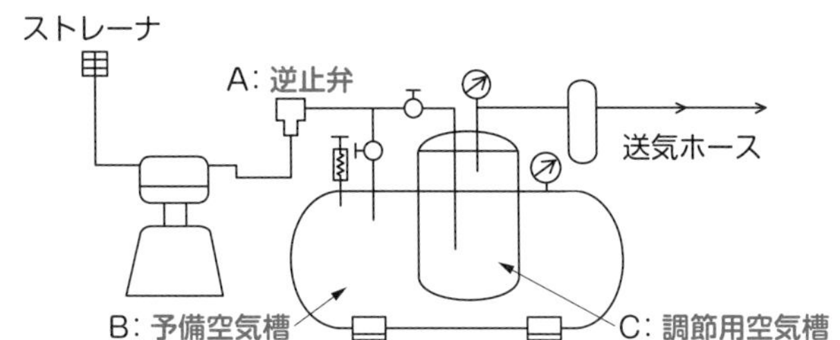

解説11　解答（5）

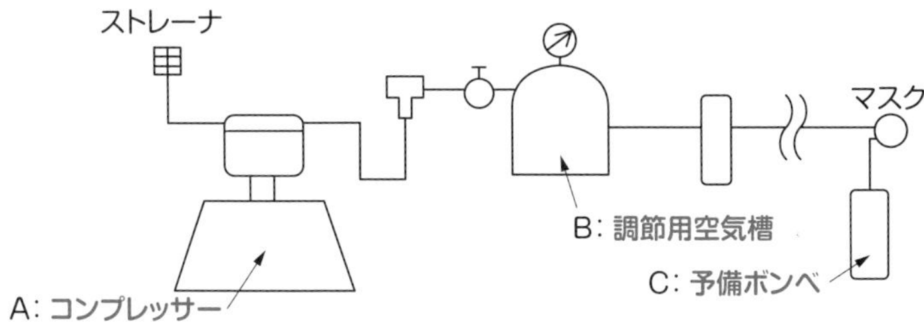

解説12　解答（2）

はじめに空気消費量（S）を求める。水深15mは2.5気圧（0.1MPa×15m＋1MPa）になる。

S＝平均呼吸量×気圧（水深）＝20L／分×2.5気圧＝50L／分

次に内容積14L、空気圧力15MPa（ゲージ圧力）のこの空気ボンベをつかって使用できる空気容量（V）を求める。なお、空気ボンベの残圧が5MPa（ゲージ圧力）になったら浮上するため、空気圧力15MPa（ゲージ圧力）から引くことに注意する。

$$\text{空気容量}(V) = \frac{(\text{空気圧力}-\text{空気ボンベの残圧})\times\text{ボンベ容量}}{\text{大気圧}}$$

$$= \frac{(15\text{MPa}-5\text{MPa})\times 14\text{L}}{0.1\text{MPa}} = 1400\text{L}$$

最後に空気消費量50L/分と空気容量1400Lから潜水可能時間（T）を求めると、次のとおりになる。

$$\text{潜水可能時間}(T) = \frac{1400\text{L}}{50\text{L}/\text{分}} = \mathbf{28分}$$

解説13 解答（2）

はじめに空気消費量（S）を求める。水深10mは２気圧（0.1MPa×10m＋1MPa）になる。

空気消費量（S）＝平均呼吸量×気圧（水深）＝20L／分×２気圧＝40L／分

次に内容積10L、空気圧力19MPa（ゲージ圧力）のこの空気ボンベを使って使用できる空気容量（V）を求める。なお、空気ボンベの残圧が５MPa（ゲージ圧力）になったら浮上するため、空気圧力19MPa（ゲージ圧力）から引くことに注意する。

$$空気容量（V）＝\frac{(空気圧力－空気ボンベの残圧)×ボンベ容量}{大気圧}$$

$$＝\frac{(19\text{MPa}－5\text{MPa})×10\text{L}}{0.1\text{MPa}}＝1400\text{L}$$

空気消費量40L／分と空気容量1400Lから潜水可能時間（T）を求めると次のとおりなる。

$$潜水可能時間（T）＝\frac{1400\text{L}}{40\text{L／分}}＝\mathbf{35分}$$

解説14 解答（2）

はじめに空気消費量（S）を求める。水深10mは２気圧（0.1MPa×10m＋1MPa）になる。

空気消費量（S）＝平均呼吸量×気圧（水深）＝20L／分×２気圧＝40L／分

次に空気消費量40L／分と潜水可能時間40分間から空気容量（V）を求める。

空気容量（V）＝空気消費量（S）×潜水可能時間（T）

＝40L／分×40分間＝1600L

空気容量1600L、空気圧力19MPa（ゲージ圧力）から最低限必要なボンベの内容積を求めると次のとおりになる。なお、空気ボンベの残圧が５MPa（ゲージ圧力）になったら浮上するため、空気圧力19MPa（ゲージ圧力）から引くことに注意する。

$$ボンベ内容積（L）＝\frac{空気容量（V）×大気圧}{(空気圧力－空気ボンベの残圧)}$$

$$＝\frac{1600\text{L}×0.1\text{MPa}}{(19\text{MPa}－5\text{MPa})}＝11.42\text{L}≒\mathbf{12L}$$

2　潜水の潜降・浮上 (テキスト⇒82P・問題⇒104P)

解説 1　解答（1）

（2）BCを装着している場合、インフレーターを肩より上に上げて、**排気ボタン**を押して潜降を始める。

（3）さがり綱（潜降索）を用いて**潜降しなければならない**。

（4）潜水中は、できるだけ**一定のリズム**で呼吸を行う。意識的に長時間呼吸を停止するような断続的な呼吸であるスキップ・ブリージングを**行ってはならない**。

（5）マスクの中に水が入ってきたときは、深く息を吸い込んでマスクの**上端**を顔に押し付け、鼻から強く息を吹き出してマスクの**下端**から水を排出する。

解説 2　解答（3）

（3）熟練者が潜降するときでも、さがり綱（潜降索）を用いて**潜降しなければならない**。排気弁の調節のみで潜降すると、潜水墜落などを引き起こす可能性がある。

解説 3　解答（2）

（2）熟練者が潜降するときでも、潜降索を用いて**潜降しなければならない**。排気弁の調節のみで潜降すると、潜水墜落などを引き起こす可能性がある。

解説 4　解答（1）

（2）潜水中は、できるだけ**一定のリズム**で呼吸を行う。意識的に長時間呼吸を停止するような断続的な呼吸であるスキップ・ブリージングを**行ってはならない**。

（3）さがり綱（潜降索）を用いて**潜降しなければならない**。

（4）体調不良などで耳抜きがうまくできないときは、**耳栓は使用せず**、潜降を**中止**か、**継続**するかを**検討**する。

（5）マスクの中に水が入ってきたときは、深く息を吸い込んでマスクの**上端**を顔に押し付け、鼻から強く息を吹き出してマスクの**下端**から水を排出する。

解説5　解答（5）

（1）熟練者が潜降するときでも、さがり綱（潜降索）を用いて**潜降しなければならない**。

（2）BCを装着している場合、インフレーターを肩より上に上げて、**排気ボタン**を押して潜降を始める。

（3）マスクの中に水が入ってきたときは、深く息を吸い込んでマスクの**上端**を顔に押し付け、鼻から強く息を吹き出してマスクの**下端**から水を排出する。

（4）潜水中は、できるだけ**一定のリズム**で呼吸を行う。意識的に長時間呼吸を停止するような断続的な呼吸であるスキップ・ブリージングを**行ってはならない**。

解説6　解答（3）

（3）体調不良などで耳抜きがうまくできないときは、**耳栓は使用せず**、潜降を**中止**か、**継続**するかを**検討する**。

解説7　解答（1）

（1）BCを装着したスクーバ式潜水で浮上する場合、インフレーターを**左手で肩より上にあげて**、排気ボタンが押せる状態で顔を上に向け、腕を頭より上に上げ、**360°緩やかに回転**しながら浮上する。

解説8　解答（4）

（4）潜水中は、できるだけ**一定のリズム**で呼吸を行う。意識的に長時間呼吸を停止するような**断続的な呼吸**であるスキップ・ブリージングを**行ってはならない**。

解説9　解答（1）

（1）浮上の際にも、さがり綱（潜降索）を**使用しなければならない**。

解説10　解答（2）

（2）水深が浅い場合であっても、浮上速度の調整に救命胴衣は**使用しない**。救命胴衣は、漂流した場合や長時間水面に浮上しなければならない場合などに使用する。

解説11 解答（2）

（2）BCを装着している場合に浮上を開始するときは、インフレーターを左手で肩より上にあげて、排気ボタンが**押せる状態**で顔を上に向け、腕を頭より上に上げ、360°緩やかに回転しながら浮上する。

解説12 解答（2）

潜降に当たっては、まず、レギュレーターのマウスピースに空気を吹き込み、セカンドステージの低圧室と（A：**マウスピース**）内の水を押し出してから呼吸を開始する。浮力調整具を装着している場合、（B ：**インフレーター**）を肩より上に上げて（C：**排気ボタン**）を押して潜降を始める。

3　ZH-L16モデルに基づく減圧方法 （テキスト⇒86P・問題⇒110P）

解説 1 解答（3）

（3）**体内不活性ガス分圧**及び許容できる**最大不活性ガス分圧（M値）**を計算し、すべての半飽和組織について、体内不活性ガス分圧が許容できる**最大不活性ガス分圧**（M値）を**超えないよう**に、減圧停止時間を設定する。

解説 2 解答（4）

（4）不活性ガスの半飽和時間が短い組織は血流が**豊富**で、不活性ガスの半飽和時間が長い組織は血流が**乏しくなる**。

解説 3 解答（1）

（1）半飽和時間とは、ある組織に不活性ガスが**半飽和**するまでにかかる時間のことである。

解説 4 解答（5）

（5）繰り返し潜水において、作業終了後、次の作業まで水上で休息する時間を十分に設けなかった場合には、次の作業における減圧時間をより**長く**する。

解説5 解答（5）

（5）繰り返し潜水において、作業終了後、次の作業まで水上で休息する時間を十分に設けなかった場合には、次の作業における減圧時間をより**長く**する。

4　潜水業務に使用する器具 (テキスト⇒89P・問題⇒112P)

解説1 解答（5）

（5）圧力調整器は、高圧空気を**環境圧力＋１MPa**前後に減圧するファーストステージ（第１段減圧部）と、更に潜水深度の圧力まで減圧するセカンドステージ（第２段減圧部）から構成される。

解説2 解答（2）

（2）残圧計には、圧力調整器のファーストステージ（第１段減圧部）からボンベの**高圧空気**がホースを通して送られ、ボンベ内の圧力が表示される。

解説3 解答（1）

（1）BCは浮力調整具のことで、レギュレーターのファーストステージに接続した**中圧ホース**を介して空気袋が膨張して、浮力を得るものである。

解説4 解答（4）

（4）ボンベからの高圧空気は、ファーストステージでその水深の環境圧力に**１MPa**を加えた中圧空気に減圧され、中圧ホースを通してセカンドステージに送られた後、潜水深度に応じた圧力に減圧される。

解説5 解答（2）

（2）**スクーバ式潜水**で用いる圧力調整器は、高圧空気を**環境圧力＋１MPa**（ゲージ圧力）前後に減圧するファーストステージ（第１段減圧部）と、更に潜水深度の圧力まで減圧するセカンドステージ（第２段減圧部）から構成される。

解説6 解答（1）

（2）コンプレッサーには、調節用空気槽や予備空気槽を**設けなければならない**。

（3）全面マスク式潜水器では、ヘルメット式潜水器に比べて**少ない送気量**で潜水することができる。

（4）全面マスク式潜水でも、足ヒレが**必要な場合は用いてもよい**。

（5）全面マスク式潜水では、ドライスーツまたはウエットスーツのどちらでも**着用することができる**。

解説7 解答（1）

（1）全面マスク式潜水でも、足ヒレが**必要な場合は用いてもよい**。

解説8 解答（1）

（1）全面マスク式潜水でも、足ヒレが**必要な場合は用いてもよい**。

解説9 解答（1）

（1）全面マスク式潜水器では、ヘルメット式潜水器に比べて**少ない送気量**で潜水することができる。

解説10 解答（2）

（2）ドレーンコックは、潜水作業者が**唾など**をヘルメットの外へ**排出する**ときに使用する。

解説11 解答（3）

（3）ドレーンコックは、潜水作業者が**唾など**をヘルメットの外へ**排出する**ときに使用する。

解説12 解答（4）

（4）腰バルブに減圧弁は**組み込まれていない**。送気用コンプレッサーからは常に一定量の送気が行われているため、腰バルブは、送気量を潜水者が調節する際に使用する**流量調整バルブ**である。

解説13　解答（4）

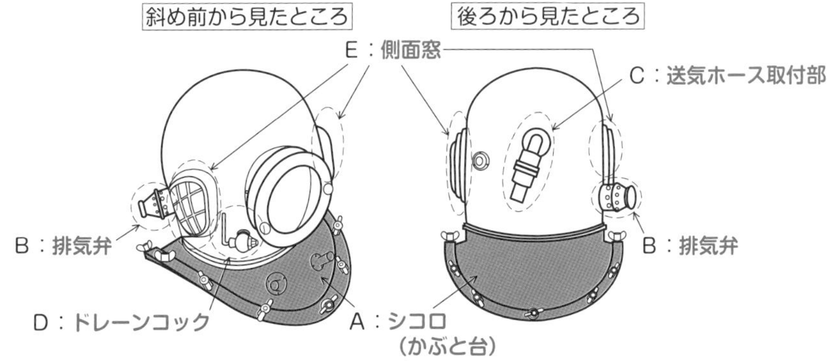

（4）Dの〈 〉部分はドレーンコックで、潜水作業者が**唾など**をヘルメットの外へ**排出する**ときに使用する。

解説14　解答（5）※解説13の図を参照。

（1）Aの▓▓部分はかぶと台（**シコロ**）で、潜水服の**襟ゴム部分**に取り付け、**押え金**と**蝶ねじ**で固定する。

（2）Bの〈 〉部分は**排気弁**で、潜水作業者が自分の頭部を使ってこれを操作して**余剰空気**や**呼気を排出する**。

（3）Cの〈 〉部分は**送気ホース取付部**で、送気された空気が逆流することがないよう、**逆止弁**が設けられている。

（4）Dの〈 〉部分はドレーンコックで、潜水作業者が**唾など**をヘルメットの外へ**排出する**ときに使用する。

解説15　解答（5）

（5）浮力調整具（BC）は、レギュレータのファーストステージに接続した**中圧ホース**を介して**空気袋**が膨張して、10〜20kgの浮力が得られるものである。

解説16　解答（1）

（1）BCは、レギュレータのファーストステージに接続した**中圧ホース**を介して**空気袋**が膨張して、10〜20kgの浮力が得られる。

解説17 解答（1）

（1）救命胴衣には、**液化炭酸ガス**又は**空気ボンベ**が備えられていて、引金を引くとボンベから**ガス**が出て、膨張するようになっている。

解説18 解答（1）

（1）爪先だけを差し込み、踵（かかと）をストラップで固定するものは、**オープンヒルタイプ**という。フルフィットタイプはブーツを履いたままはめ込む足ヒレである。

解説19 解答（1）

（1）爪先だけを差し込み、踵（かかと）をストラップで固定するものは、**オープンヒルタイプ**という。フルフィットタイプはブーツを履いたままはめ込む足ヒレである。

解説20 解答（4）

（1）BCは、レギュレータのファーストステージに接続した**中圧ホース**を介して**空気袋**が膨張して、浮力を得るものである。

（2）救命胴衣には、**液化炭酸ガス**又は**空気ボンベ**が備えられていて、引金を引くとボンベから**ガス**が出て、膨張するようになっている。

（3）スクーバ式潜水で使用する**ドライスーツ**には、レギュレーターから空気を入れる給気弁とスーツ内の余剰空気を排出する排気弁が付いている。

（5）ヘルメット式潜水の場合、ヘルメット及び潜水服に重量があるので、潜水靴も、できるだけ**重量**があるものを使用する。

覚えておこう【送気、潜降及び浮上編】

コンプレッサーによる送気系統

●ヘルメット式潜水の送気系統

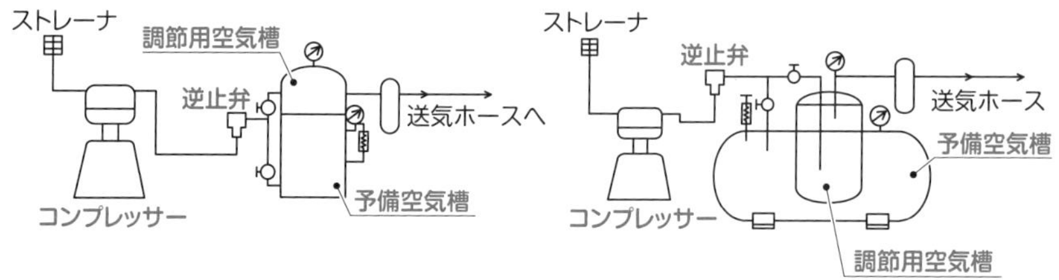

●全面マスク式潜水の送気系統

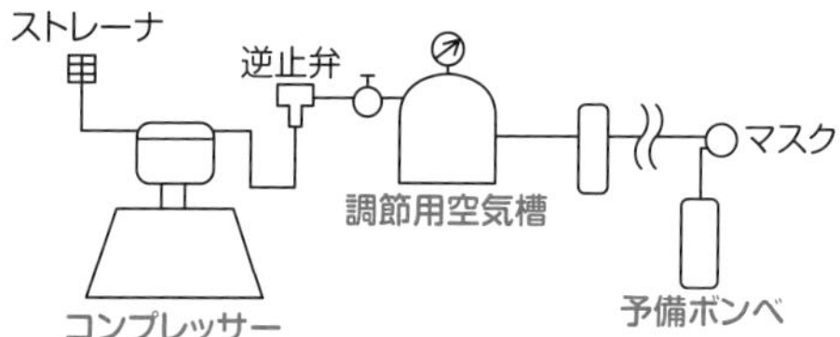

送気式潜水に使用する設備又は器具

コンプレッサー	原動機で駆動され、【ピストン】を往復させて【シリンダー】内の空気を圧縮する構造
	圧縮効率は、圧力の上昇に伴い【低下】する
	空気取入口は、常に新鮮な空気を取り入れるため機関室の【外】に設置
	高圧コンプレッサーの最高充塡圧力は、一般に【20】MPaであるが【30】MPaの機種もある
	機能・性能を保持するためには、原動機とコンプレッサーとの伝動部分をはじめ、【冷却装置】、【圧縮部】、【潤滑油部】などについて保守・点検の必要がある
	固定式と移動式があり、【固定式】は潜水作業船に設置される場合が多い
	大出力化した原動機（主機）を備える潜水作業船は、コンプレッサー専用の原動機（補機）を設置して駆動するものが【多い】
空気槽	調節用空気槽は、送気に含まれる水分や油分を【分離】する機能がある

空気槽	コンプレッサーから送られる脈流の圧縮空気は、調節用空気槽により【緩和】される
	潜水作業終了後は、空気槽内の汚物を圧縮空気と一緒に【ドレーンコック】から排出させる
	予備空気槽は、コンプレッサーの故障などの事故が発生した場合に備えて、必要な空気をあらかじめ【蓄えて】おくための設備
	調節用空気槽と予備空気槽が【一体】に組み込まれているものが多い
	潜水前には、予備空気槽の圧力がその日の最高潜水深度の圧力の【1.5】倍以上となっていることを確認する
空気清浄装置	フェルトを使用した空気清浄装置は、潜水者に送る圧縮空気から【臭気】や【水分】と【油分】を取り除くもの
	二酸化炭素や一酸化炭素の除去は【できない】
送気ホース	始業前に、ホースの最先端を閉じ、最大使用圧力以上の圧力をかけて、【耐圧性】と【空気漏れ】の有無を点検、確認する
流量計	【空気清浄装置】と【送気ホース】との間に取り付けて、潜水作業者に適量の空気が送気されていることを確認する計器
	特定の【送気圧力】による流量が目盛られており、その圧力以外で送気するには【換算】が必要となる

送気式潜水の潜降

潜降を始めるときは、【潜水はしご】を使用して、まず、頭部まで水中に沈んでから潜水器の状態を確認する
さがり綱（潜降索）により潜降するときは、さがり綱（潜降索）を両足の間に挟み、片手でさがり綱（潜降索）をつかむようにして【徐々】に潜降する
熟練者が潜降するときでも、【さがり綱（潜降索）】を用いて潜降する
潮流がある場合は、潮流によってさがり綱（潜降索）から引き離されないように、潮流の方向に【背】を向ける
潮流や波浪によって送気ホースに突発的な力が加わることがあるので、潜降中は、送気ホースを腕に【 1 】回転だけ巻きつけておく
潜水作業者は、潜降中に耳の痛みを感じたときは、さがり綱（潜降索）に捕まって停止し、あごを左右に動かす、マスクの鼻をつまむなどにより【耳抜き】を行う
潜水作業者と連絡員の間で信号索により連絡を行うとき、発信者からの信号を受けた受信者は、必ず発信者に対して【同じ信号】を送り返す

スクーバ式潜水の潜降

船の舷から水面までの高さが【1】～【1.5】m程度であれば、片手でマスクを押さえ、足を先にして水中に飛び込んでも支障はない
船の舷から水面までの高さが【1.5】mを超えるときは、船の甲板などから足を先にして水中に飛び込んではならない
ドライスーツを装着して、岸から海に入る場合には、少なくとも肩の高さまで歩いていき、そこでスーツ内の【余分な空気】を排出する
レギュレーターのマウスピースに空気を吹き込み、セカンドステージの低圧室と【マウスピース】内の水を押し出してから呼吸を開始する
浮力調整具を装着している場合、【インフレーター】を肩より上に上げて【排気ボタン】を押して潜降を始める
潜降時、耳に圧迫感を感じたときは、【2】～【3】秒その水深に止まって耳抜きをする
体調不良などで耳抜きがうまくできないときは耳栓を【使用せず】、潜降を【中止】、若しくは【継続】するかを検討する
潜水中は、できるだけ【一定】のリズムで呼吸を行う
潜水中の遊泳は、通常は両腕を伸ばして体側につけて行うが、視界のきかないときは、腕を【前方】に伸ばして障害物の有無を確認しながら行う
マスクの中に水が入ってきたときは、深く息を吸い込んでマスクの【上端】を顔に押し付け、鼻から強く息を吹き出してマスクの【下端】から水を排出する

スクーバ式潜水の浮上

浮上開始の予定時間になったとき又は残圧計の針が【警戒領域】に入ったときは【浮上】を開始する
浮上時は、さがり綱（潜降索）を使用し、自分が排気した気泡を見ながら、その気泡を【追い越さない】ような速度を目安とし、毎分【10】mを超えない速度で浮上する
緊急浮上を要する場合は、所定の浮上停止を【省略】し、又は所定の浮上停止時間を【短縮】し、水面まで浮上する
無停止減圧の範囲内の潜水の場合でも、水深【3】m前後で、【5】分間程度は、安全のため【浮上停止】を行う
水面近くの障害物による危険を避けるため、上を見ながら両手を【頭の上】に伸ばして浮上し、視界のきかない水中でも同様に浮上する

BCを装着したスクーバ式潜水で浮上する場合、インフレーターを左手で【肩より上】に上げて、排気ボタンが【押せる】状態で顔を上に向け、腕を頭より上に上げ、360°緩やかに回転しながら浮上する
リザーブバルブ付きボンベ使用時に、いったん空気が止まったときは、リザーブバルブを引いて給気を再開して【浮上】を開始する
バディブリージングは緊急避難の手段であり、多くの危険が伴うので、実際に行うには十分な訓練が【必須】であり、完全に技術を【習得】しておく
救命胴衣によって浮上を行うと、浮上速度が調節できないので、自力で浮上し、救命胴衣は【水面】に浮上してから使用する。水深が浅い場合でも、浮上速度の調整に救命胴衣は【使用できない】

ZH-L16モデルに基づく減圧方法

減圧理論	生体の組織を、半飽和時間の違いにより半飽和組織に16分類し、【不活性ガスの分圧】を計算する
半飽和組織と半飽和時間	半飽和組織とは、高圧下にばく露された体内の組織に溶け込んだ不活性ガスの分圧が半飽和圧力になるまでに要する時間に応じて、体内の組織を【16】分割した各区分に相当するもの
	半飽和組織は【理論上】の【概念】として考える組織（生体の構成要素）であり、特定の個々の組織を示すものではない
	半飽和時間とは、環境における不活性ガスの圧力が加圧された場合に、【加圧前】の圧力から【加圧後】の飽和圧力の中間の圧力まで不活性ガスが生体内に取り込まれる時間やある組織に不活性ガスが【半飽和】するまでにかかる時間をいう
	不活性ガスの半飽和時間が【短い】組織は血流が【豊富】で、不活性ガスの半飽和時間が【長い】組織は血流が【乏しく】なる
	全ての半飽和組織の半飽和時間は、【窒素】より【ヘリウム】の方が短い
M値	ある環境圧力に対して、労働者の身体が許容できるそれぞれの半飽和組織ごとの最大の【不活性ガス分圧】をいう
	半飽和時間が長い組織ほど【小さく】、潜水者が潜っている深度が深くなるほど【大きく】なる

減圧計算	減圧計算において、ある【浮上停止深度】で、不活性ガス分圧がM値を上回るときは、直前の浮上停止深度での浮上停止時間を【増加】させて、不活性ガス分圧がM値より【小さく】なるようにする
	【体内不活性ガス分圧】及び【許容できる最大不活性ガス分圧】(【M値】)を計算し、すべての半飽和組織について、体内不活性ガス分圧が許容できる最大不活性ガス分圧(M値)を【超えない】ように、【減圧停止時間】を設定する
	半飽和組織のうち一つでも不活性ガス分圧がM値を上回ったら、より深い深度で【一定時間浮上停止】するものとして再計算を行う
	混合ガス潜水の場合は、窒素及びヘリウムについて、それぞれのガス分圧を計算し合計したものを用いて、M値を【超えない】ようにする
繰り返し潜水	潜水(滞底)時間を実際の【倍】にして計算するなど慎重な対応が必要
	作業終了後、次の作業まで水上で休息する時間を【十分】に【設けなかった】場合には、次の作業における減圧時間をより【長く】する
	水面に浮上した後、更に繰り返して潜水を行う場合は、水上においても大気圧下での不活性ガス分圧の【計算】を継続する

➡ 潜水作業における酸素分圧、肺酸素毒性量単位(UPTD)及び累積肺酸素毒性単位(CPTD)

一般に、【50】kPaを超える酸素分圧にばく露されると、肺酸素中毒に冒される
1日あたりの酸素の許容最大被ばく量は、【600】UPTD
1週間当たりの酸素の許容最大被ばく量は、【2500】CPTD

➡ スクーバ式潜水に使用する器具

ボンベ	スクーバ式潜水で用いるボンベは、クロムモリブデン鋼などの鋼合金で製造された【スチールボンベ】と、アルミ合金で製造された【アルミボンベ】がある
	空気専用のボンベは、表面積の【2分の1】以上が【ねずみ色】で塗装されている
	一般に、内容積【10】~【14】Lで、圧力【19.6】MPa(ゲージ圧力)の高圧空気が充塡されている
	バルブには、過剰な空気圧力が加わると空気を開放する【安全弁】が組み込まれてる

ボンベ	耐圧、衝撃、気密などの検査が行われ、最高充塡圧力などが【刻印】されている
	ボンベを背中に固定するハーネスは、【バックパック】、【ナイロンベルト】及び【ベルトバックル】で構成されている
	ボンベに空気を充塡するときは、【一酸化炭素】や【油分】が混入しないようにし、【湿気】を含んだ空気は充塡しないようにする
	ボンベを取り扱うときは、炎天下に【放置】しない
	使用後は水洗いを行い、錆の発生、キズ、破損などがないかを【確認】する
	水の侵入を防ぐために、使用後も【1】MPa（ゲージ圧力）程度の空気を残して保管する
圧力調整器	スクーバ式潜水で用いる圧力調整器は、高圧空気を環境圧力＋【1】MPa（ゲージ圧力）前後に減圧するファーストステージ（第1段減圧部）と、更に【潜水深度】の圧力まで減圧するセカンドステージ（第2段減圧部）から構成されている
	ファーストステージには、高圧空気の取出し口と中圧まで減圧した空気の取出し口が設けられており、高圧空気の取出し口には【HP】と刻印されている
	ボンベに圧力調整器を取付ける際は、【ファーストステージ（第1段減圧部）】のヨークをボンベのバルブ上部にはめ込んで、ヨークスクリューで固定する
	【潜水前（始業前）】に、ボンベから送気した空気の漏れがないか、呼吸が【スムーズ】に行えるか、などについて点検する
面マスク	顔との【密着性】が重要で、ストラップをかけないで顔に押しつけてみて呼吸を行い、漏れのないものを使用する
潜水服	ウエットスーツは、スポンジ状で内部に多くの【気泡】を含んだネオプレンゴムを素材としており、内面もしくは内外両面がナイロン張りとなっている
	ドライスーツには、レギュレーターから空気を入れる【給気弁】とスーツ内の余剰空気を排出する【排気弁】が付いており、防水性能を高めるため、首部・手首部が伸縮性に富んだゴム材で作られた【防水シール】構造となっていて、ブーツが一体となっている
足ヒレ	爪先だけを差し込み、踵をストラップで固定する足ヒレは、【オープンヒルタイプ】という
	ブーツを履いたままはめ込む足ヒレは、【フルフィットタイプ】という

残圧計	圧力調整器の【ファーストステージ（第１段減圧部）】からボンベの【高圧空気】がホースを通して送られ、ボンベ内の圧力が表示される
	目盛りは最大【34】MPa程度で、【４】～【５】MPa以下の目盛り帯は赤塗りされているものがある
	内部には高圧がかかっているので、表示部の針は顔を近づけないで【斜め】に見る
水中時計	現在時刻や潜水経過時間を表示するだけでなく、【潜水深度】の時間的経過の記録が可能
水深計	２本ある指針のうち１本は現在の【水深】を、他の１本は潜水中の【最大深度】を表示するものを使用することが望ましい
BC（浮力調整具）	レギュレーターのファーストステージ（第１段減圧部）に接続した【中圧ホース】を介して空気袋が膨張して、10～20kgの浮力を得る
	BCの浮力を増す方法としては、インフレーターの給気ボタンを押して、ボンベから空気を送り込む【パワーインフレーター機能】と、インフレーターに付いているマウスピースをくわえ空気を吹き込む【オーラルインフレーター機能】がある
救命胴衣	【液化炭酸ガス】又は【空気】のボンベを備え、引金を引くと救命胴衣が膨張するようになっている
さがり綱（潜降索）	さがり綱（潜降索）は、丈夫で耐候性のある素材で作られたロープで、【１】～【２】cm程度の太さのもので、水深を示す目印として【３】mごとにマークを付ける
水中ナイフ	水中ナイフは、漁網が絡みつき、身体が拘束されてしまった場合などに【脱出】のために必要なもの

➡ 全面マスク式潜水器に使用する器具

ヘルメット式潜水器に比べて【少ない】送気量で潜水することができる
スクーバ式潜水に比べ【長時間】の潜水が可能
マスク内には、口と鼻を覆う【口鼻】マスクが取り付けられており、潜水作業者はこの口鼻マスクを介して給気を受ける
小型のボンベを【携行】して潜水することもある
全面マスクにスクーバ用の【セカンドステージ】レギュレーターを取り付ける簡易なタイプがある
混合ガス潜水に使われる全面マスク式潜水器には、【バンドマスク】タイプと【ヘルメット】タイプがある
通常、送気ホースは、呼び径が【８】mmのものが使われている

送気ホースを使用するためスクーバ潜水ほど広範囲を移動することはないが、【**足ヒレ**】が必要な場合は用いる
【**ウエットスーツ**】または【**ドライスーツ**】を着用する。ドライスーツでは、ブーツと一体となっており、【**潜水靴**】を必要としない
水中電話機のマイクロホンは【**口鼻マスク**】部に取り付けられ、イヤホンは耳の後ろ付近にストラップを利用して固定される
水中電話があっても故障などに備えて、【**信号索**】を用意しておくことが望ましい

ヘルメット式潜水に使用する器具

側面窓	【**金属製格子**】などが取り付けられて窓ガラスを【**保護**】する
送気ホース取付部	送気された空気が逆流することがないよう、【**逆止弁**】が設けられている
排気弁	潜水作業者が自分の頭部を使って操作して潜水服内の【**余剰空気**】や潜水作業者の【**呼気**】を排出する
ドレーンコック	潜水作業者が唾などをヘルメットの外へ【**排出**】するときに使用する
シコロ(かぶと台)	ヘルメット式潜水器は、ヘルメット本体と【**シコロ**】で構成され、使用時には着用した潜水服の襟ゴム部分にシコロを取り付けて、【**押え金**】と【**蝶ねじ**】で固定する
その他	腰バルブは、送気量を潜水者が調節する際に使用する【**流量調整**】バルブである
	潜水服内の空気が下半身に入り込まないようにするため、【**腰部**】をベルトで締め付ける
	ヘルメット及び潜水服に【**重量**】があるので、潜水靴は、できるだけ【**重量**】があるものを使用し、姿勢を安定させる

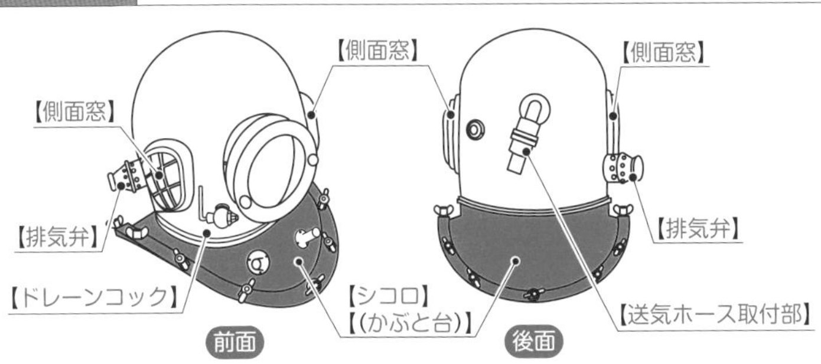

第3章

高気圧障害

1　人体の肺換気機能
2　人体の循環器系
3　人体の神経系
4　人体に及ぼす水温の作用及び体温
5　気圧変化による健康障害
6　潜水作業者の健康管理
7　潜水業務に必要な救急処置

1　人体の肺換気機能

学習チェック ✓✓✓

➔ 肺換気機能

①呼吸運動

肺は、フイゴのように膨らんだり縮んだりして空気を出し入れしていますが、肺自体には**運動能力（膨らむ力）**はなく、主として肋間筋、横隔膜などの**呼吸筋**によって胸郭内容積を周期的に**増減**し、それに伴って肺を**伸縮**させています。これを**呼吸運動**といいます。

潜水中は、呼吸ガスの密度が**高くなり**呼吸抵抗が**増す**ので、呼吸運動によって気道内を移動できる呼吸ガスの量は、深度が**増す**に従って**減少**します。

②ガス交換

肺呼吸は、肺内に吸い込んだ空気中の**酸素**を血液中に取り入れ、血液中の**二酸化炭素**を排出する**ガス交換**です。鼻や口から吸い込まれた呼吸ガスは、**気管→気管支→細気管支→呼吸細気管支**の順で通過して、**肺胞**に至ります。

●呼吸器の構造と死腔

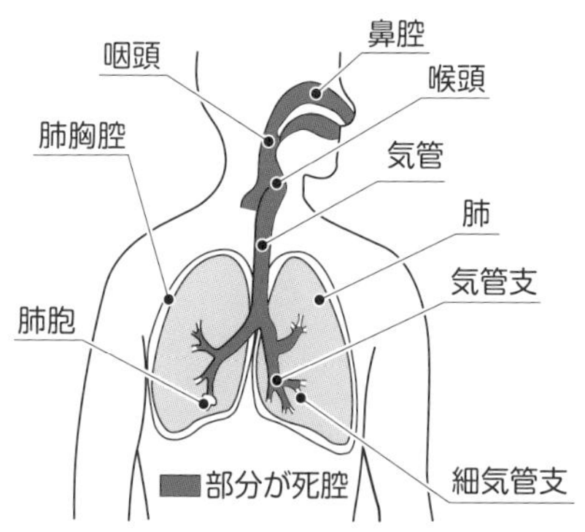

ガス交換は、**肺胞**及び**呼吸細気管支**で行われ、そこから口側までの空間はガス交換に直接**関与していない**ので、この空間を**死腔**といいます。死腔が大きいほど、**酸素不足、二酸化炭素蓄積**が起こりやすく、潜水呼吸器を装着するとガス交換に関与しない空間が増えるため、死腔は**増加**します。また、肺胞内の空気と肺胞を取り巻く毛細血管中の血液との間で行われるガス交換を**外呼吸**といいます。

胸郭内容積が増し、内圧が低くなるにつれ、鼻腔（くう）、気管などの気道を経て肺内へ流れ込む空気が**吸気**です。逆に、内圧が高くなると肺は収縮して肺内の空気は体外に排出されます。これが**呼気**になります。

通常の呼吸の場合の呼気には、酸素が**約16%**、二酸化炭素が**約４%**（通常の空気中では0.04%程度）含まれます。

身体活動時には、血液中の二酸化炭素分圧の**上昇**により呼吸中枢が刺激され、１回換気量及び呼吸数が**増加**します。

③胸膜腔（くう）

肺の表面と胸郭内側の面は、**胸膜**で覆われており、両者間の空間を**胸膜腔**といいます。胸膜腔は、通常、密閉状態になっているが、胸膜腔に気体が侵入し、**気胸**（何らかの原因により肺から空気が漏れること）を生じると、胸郭が**広がっても肺が膨らまなくなります**。

④肺気腫

肺気腫とは、主に**たばこ**の煙が原因となって、酸素と二酸化炭素の交換が行われる**肺胞**に**炎症**が生じ、組織が**破壊**されて肺の機能が**低下**する病気です。

⑤気胸

気胸とは、胸膜腔に空気が侵入し胸郭が広がっても**肺が広がらない状態**をいいます。突然の胸痛で発症し、呼吸困難を伴うこともあり、潜水現場で発生することもあります。軽症であれば安静を保つことで自然治癒を望むこともできます。

ここまでの確認!! 一問一答

問１ 学習チェック ☑☑☑ 肺は、肺胞と胸膜の協調運動によって膨らんだり縮んだりして、空気を出し入れしている。

問２ 学習チェック ☑☑☑ 肺は、筋肉活動による胸郭の拡張に伴って膨らむ。

問３ 学習チェック ☑☑☑ 鼻や口から吸い込まれた呼吸ガスは、気管→気管支→細気管支→呼吸細気管支の順に通過して、肺胞に至る。

問４ 学習チェック ☑☑☑ 呼吸の場合の呼気には、酸素が約16%、二酸化炭素が約４%含まれる。

問５ 学習チェック ☑☑☑ 肺呼吸は、空気中の酸素を取り入れ、血液中の二酸化炭素を排出するガス交換である。

問6 学習チェック ☑☑☑ ガス交換は、肺胞及び呼吸細気管支で行われ、そこから口側の空間は、ガス交換に直接は関与していない。

問7 学習チェック ☑☑☑ 死腔が小さいほど、酸素不足、二酸化炭素蓄積が起こりやすい。

問8 学習チェック ☑☑☑ 肺の臓側胸膜と壁側胸膜で囲まれた部分を胸膜腔(くう)という。

問9 学習チェック ☑☑☑ 胸膜腔は、通常、密閉状態になっているが、胸膜腔に気体が侵入し、気胸を生じると、胸郭が広がっても肺が膨らまなくなる。

問10 学習チェック ☑☑☑ 潜水によって生じる肺の過膨張は、浮上時に起こりやすい。

問11 学習チェック ☑☑☑ 胸膜腔に空気が侵入し胸郭が広がっても肺が広がらない状態を、空気塞栓症という。

解答1 × 肺自体に**運動能力はなく**、呼吸筋によって胸郭内容積を周期的に増減し、それに伴って肺を伸縮させている。

解答2 ○

解答3 ○

解答4 ○

解答5 ○

解答6 ○

解答7 × 死腔が**大きい**ほど、酸素不足、二酸化炭素蓄積が起こりやすい。

解答8 ○

解答9 ○

解答10 ○

解答11 × 設問の内容は、**気胸**。空気塞栓症⇒155P参照。

2　人体の循環器系

学習チェック ✓✓✓

➔ 循環器系

①動脈と静脈

大動脈及び**肺静脈**を流れる血液は、酸素に富む**動脈血**で、**大静脈**及び**肺動脈**を流れる血液は、酸素が少なく炭酸ガスが多い**静脈血**です。

大動脈の根元から出た**冠動脈**は、心臓の表面を取り巻き、心筋に**酸素**と**栄養**を供給します。

●血液循環

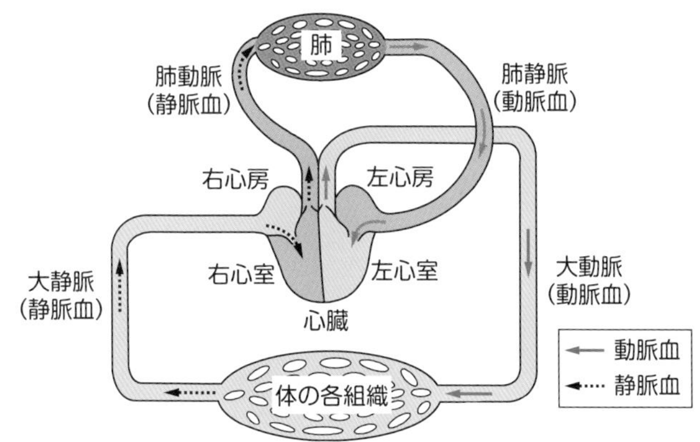

②心臓

心臓は左右の**心室**及び**心房**、すなわち四つの部屋に分かれており、血液は**左心室**から体全体に送り出され、血液を全身に供給するためのポンプの役割を果たしています。安静時は、毎分約**5L**の血液を送り出しています。

末梢(しょう)神経から**二酸化炭素**や**老廃物**を受け取った血液は、毛細血管から**静脈**、**大静脈**を通って心臓の**右心房**に戻ります。心臓の右心房に戻った**静脈血**は、右心室から**肺動脈**を通って肺に送られ、そこで**ガス交換**が行われます。

心臓の拍動による動脈圧の変動を末梢の動脈で触知したものを**脈拍**といい、一般に、手首の**橈(とう)骨動脈**で触知します。

心臓の左右の心房の間が**卵円孔開存**で通じていると、**減圧障害**を引き起こすおそれがあります。

③血圧

最大血圧は心室が**収縮したとき**の血管内圧力で、最小血圧は心室が**拡張したとき**の圧力です。また、最大血圧と最小血圧の差を**脈圧**といいます。

ここまでの確認!! 一問一答

問1 学習チェック ☐☐☐ 大動脈及び肺動脈を流れる血液は、酸素に富む動脈血である。

問2 学習チェック ☐☐☐ 大動脈の根元から出た冠動脈は、心臓の表面を取り巻き、心筋に酸素と栄養を供給する。

問3 学習チェック ☐☐☐ 心臓は、血液を全身に供給するためのポンプの役割を果たしており、安静時、毎分約10Ｌの血液を送り出す。

問4 学習チェック ☐☐☐ 末梢(しょう)組織から二酸化炭素や老廃物を受け取った血液は、毛細血管から静脈、大静脈を通って心臓に戻る。

問5 学習チェック ☐☐☐ 心臓は左右の心室及び心房、すなわち四つの部屋に分かれており、血液は左心房から大動脈を通って体全体に送り出される。

問6 学習チェック ☐☐☐ 心臓の左右の心房の間が卵円孔開存で通じていると、減圧障害を引き起こすおそれがある。

問7 学習チェック ☐☐☐ 最大血圧は、心室が収縮したときの血管内圧力で、最小血圧は心室が拡張したときの圧力である。

解答1 × 肺動脈を流れる血液は、酸素が**少なく**炭酸ガスが**多い静脈血**。

解答2 ○

解答3 × 安静時、毎分約**５Ｌ**の血液を送り出す。

解答4 ○

解答5 × 血液は**左心室**から大動脈を通って体全体に送り出される。

解答6 ○

解答7 ○

3　人体の神経系

学習チェック ☑☑☑

神経系

神経系は、身体を環境に順応させたり動かしたりするために、身体の各部の**動きや連携の統制**をつかさどっています。

神経系は、**中枢神経系**と**末梢神経系**とに大別されます。

●神経系

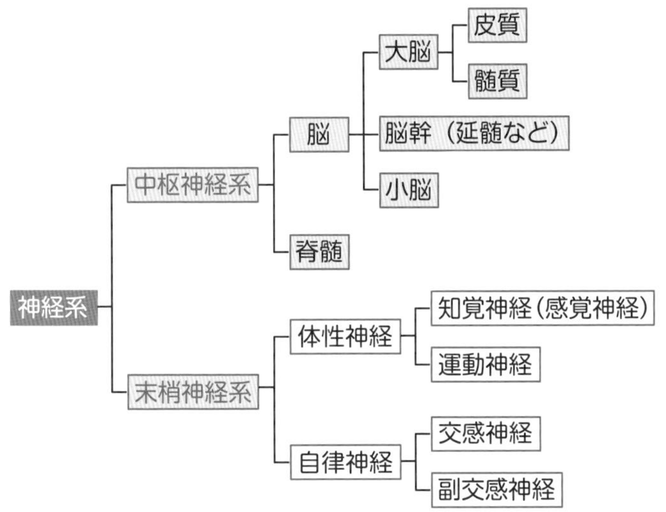

①中枢神経系

中枢神経系は、**脳**と**脊髄**から成ります。脳は特に**多く**のエネルギーを消費するため、脳への**酸素供給**が数分間途絶えると**修復困難な損傷**を受けてしまいます。

大脳皮質は、中枢として働きを行う部分で、**運動**、**感覚**、**記憶**、**視覚**などの作用を支配します。

延髄には、生命の維持に重要な**呼吸中枢**があります。

小脳は、**随意運動**、**平衡機能**などの調整に関与しており、小脳が侵されると**運動失調**が生じます。

②末梢神経系

末梢神経系は、**体性神経**及び**自律神経**から成っています。また、**脳神経**は、脳から直接出る**12対**の**末梢神経**になります。

体性神経は、感覚器官からの情報を中枢に伝える**知覚神経**（**感覚神経**）と中枢からの命令を運動器官に伝える**運動神経**から成り、運動と感覚の作用を調節しています。人の体が刺激を受けて反応するときは、下の図のような経路で信号が伝えられます。

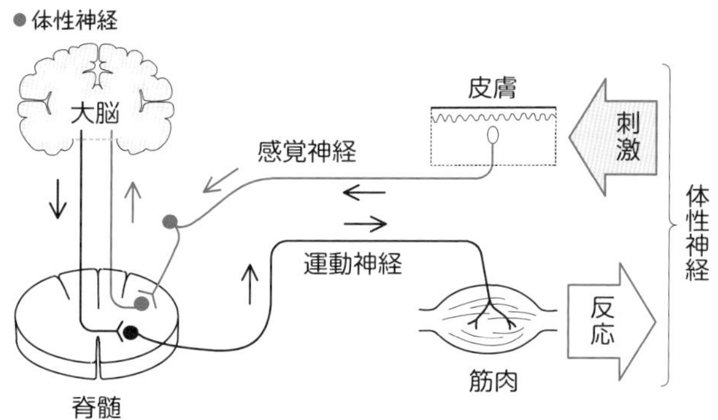

自律神経は、**交感神経**及び**副交感神経**から成っており、交感神経は主として**昼**になると働きが活発になり、副交感神経は**夜**になると働きが活発になります。人体の機能は、交感神経と副交感神経の二重支配による**調節**と**平衡**の上に成り立っています。

ここまでの確認!! 一問一答

問1 学習チェック ☐☐☐ 神経系は、身体を環境に順応させたり動かしたりするために、身体の各部の動きや連携の統制をつかさどる。

問2 学習チェック ☐☐☐ 神経系は、中枢神経系と末梢神経系とに大別される。

問3 学習チェック ☐☐☐ 中枢神経系は、脳と脊髄から成り、脳は特に多くのエネルギーを消費するため、脳への酸素供給が数分間途絶えると修復困難な損傷を受ける。

問4 学習チェック ☐☐☐ 末梢神経系は、体性神経と自律神経から成る。

問5 学習チェック ☐☐☐ 体性神経は、運動神経と交感神経から成り、運動と感覚の作用を調節している。

問6 学習チェック ☑☑☑ 感覚器官からの情報を中枢に伝える神経を体性神経といい、中枢からの命令を運動器官に伝える神経を自律神経という。

問7 学習チェック ☑☑☑ 自律神経は、感覚神経及び運動神経から成っている。

問8 学習チェック ☑☑☑ 交感神経は主として夜になると働きが活発になり、副交感神経は昼になると働きが活発になる。

問9 学習チェック ☑☑☑ 人体の機能は、交感神経と副交感神経の二重支配による調節と平衡の上に成り立っている。

問10 学習チェック ☑☑☑ 大脳皮質は、中枢として働きを行う部分で、運動、感覚、記憶、視覚などの作用を支配する。

問11 学習チェック ☑☑☑ 小脳は、随意運動、平衡機能などの調整に関与しており、小脳が侵されると運動失調が生じる。

解答1 ○

解答2 ○

解答3 ○

解答4 ○

解答5 × 体性神経は、運動神経と**感覚神経**から成る。

解答6 × 感覚器官からの情報を中枢に伝える神経を**感覚神経**といい、中枢からの命令を運動器官に伝える神経を**運動神経**という。

解答7 × 自律神経は、**交感神経**及び**副交感神経**から成っている。

解答8 × 交感神経は主として**昼**になると働きが活発になり、副交感神経は**夜**になると働きが活発になる。

解答9 ○

解答10 ○

解答11 ○

4　人体に及ぼす水温の作用及び体温

学習チェック

➔ 人体に及ぼす水温の作用及び体温

体温調節は、代謝の結果体内に生じる熱（産熱）とその放散（放熱）のバランスによって行われています。産熱が代謝という化学的プロセスに行われるのに対し、放熱は人体と外部環境の温度差に基づく物理的プロセスによって行われます。

水は空気に比べて熱伝導率（熱伝導度）で**25倍以上**、比熱で**1,000倍以上**大きいので、水中では地上より体温が奪われやすくなります。

一般に、水温が20℃以下の水中では、保温のためのウエットスーツやドライスーツの着用が必要となり、**ドライスーツ**は、ウエットスーツに比べ**保温力がある**ため、低水温環境でも**長時間潜水**を行うことができます。

体温は、代謝によって生じる**産熱**と、人体と外部環境の温度差に基づく**放熱**のバランスによって一定に保たれていて、体温が低下しはじめると、**筋肉の緊張の増強**、**酸素摂取量の増加**などの症状が現れます。また、水中で体温が低下すると、**震え**、**意識の混濁**や**消失**などを起こし、死に至ることもあります。

低体温症は、全身が冷やされて体の中心部の温度が低下し、**35℃程度以下**になることにより発症し、**意識消失**、**筋の硬直**などの症状がみられます。

低体温症に陥った者への処置として、濡れた衣服は脱がせて**乾いた毛布**や**衣服で覆う**方法があります。また、アルコールを摂取させると良いイメージがありますが、これは間違いで、低体温症に陥った者へアルコールを摂取させると、皮膚の血管が拡張し体表面からの熱損失を**増加させる**ので、絶対にアルコールを**摂取させてはなりません**。

●低体温症へのアルコール摂取禁止

ここまでの確認!! 一問一答

問1 学習チェック ☑☑☑ 水の熱伝導率は空気の約10倍あるので、水中では、体温が奪われやすい。

問2 学習チェック ☑☑☑ 体温が低下しはじめると、筋肉の弛緩（しかん）、酸素摂取量の減少などの症状が現れる。

問3 学習チェック ☑☑☑ 体温は、代謝によって生じる産熱と、人体と外部環境の温度差に基づく放熱のバランスによって保たれる。

問4 学習チェック ☑☑☑ ドライスーツは、ウエットスーツに比べ保温力があり、低水温環境でも長時間潜水を行うことができる。

問5 学習チェック ☑☑☑ 低体温症は、全身が冷やされて体の中心部の温度が低下し、30℃程度以下になることにより発症し、意識消失、筋の硬直などの症状がみられる。

問6 学習チェック ☑☑☑ 低体温症に陥った者への処置として、濡れた衣服は脱がせて乾いた毛布や衣服で覆う方法がある。

問7 学習チェック ☑☑☑ 低体温症を発症した者への処置としては、アルコールを摂取させることが有効である。

解答1 × 水の熱伝導率は空気の**約25倍**ある。

解答2 × 体温が低下しはじめると、筋肉の**緊張の増強**、酸素摂取量の**増加**などの症状が現れる。

解答3 ○

解答4 ○

解答5 × 低体温症は、**35℃程度以下**になることにより発症する。

解答6 ○

解答7 × アルコールを摂取させると、皮膚の血管が拡張し、体表面からの**熱損失を増加させる**ため、**有効でない**。

5　気圧変化による健康障害

学習チェック ☑☑☑

➔ 圧外傷

圧外傷とは、圧力の変化によって、体の様々な部位に存在する気体が圧縮されたり膨張したりすることで起こる、組織の障害をいいます。

この圧外傷は、水圧が身体に**不均等**に作用することによって生じ、小さな**圧力差**でも罹(り)患するため、**深さに関係なく**潜水の場合は圧外傷が生じます。

圧外傷は、潜降又は浮上時いずれのときでも生じ、潜降時のものを**スクィーズ**、浮上時のものを**ブロック**と呼びます。

潜降時の圧外傷は、潜降による圧力変化のために体腔内の空気の体積が**減少する**ことにより生じ、**中耳腔**、**副鼻腔**、**面マスクの内部**や**潜水服と皮膚の間**などで生じます。

浮上時の圧外傷は、浮上による圧力変化のために体腔内の空気の体積が**増加する**ことにより生じ、**副鼻腔**、**肺**などで生じます。また、浮上時に、息を止めたままでは肺内の空気の膨張により**肺圧外傷**を起こすため、この肺圧外傷を防ぐには、**息を吐きながら浮上**することが必要になります。

その他に、虫歯の処置後に再び虫歯になって内部に密閉された**空洞ができた場合**には、その部分で圧外傷が生じることがあるので注意します。

➔ 副鼻腔や耳の障害

①副鼻腔の障害

副鼻腔の障害は、鼻の炎症などによって、前頭洞(ぜんとうどう)、上顎洞(じょうがくどう)などの**副鼻腔**と**鼻腔を結ぶ管**が塞がった状態で潜水したときに起こります。副鼻腔の障害による症状には、**額の周りや目・鼻の根部の痛み**、**鼻出血**などがあります。

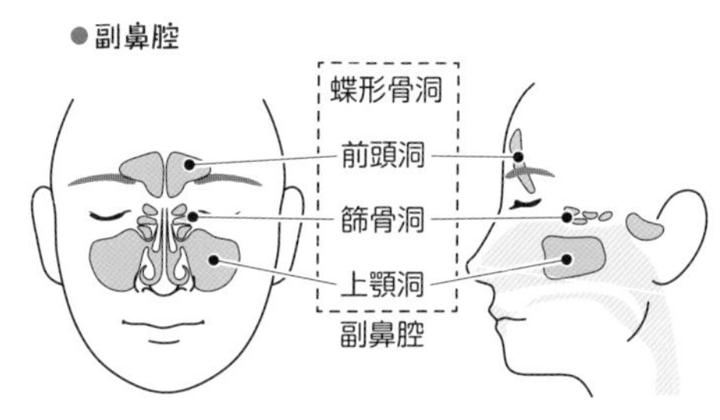

②耳の障害

耳の障害の症状として、**鼓膜の痛み**や**閉塞感**のほか、**難聴**を起こすこともあり、水中で鼓膜が破裂すると**めまい**を生じることがあります。

中耳腔は、耳管によって咽頭と通じていますが、この管は通常、**閉じています**。潜降の途中で耳が痛くなるのは、**外耳道と中耳腔との間に圧力差**が生じるためです。

●耳の構造

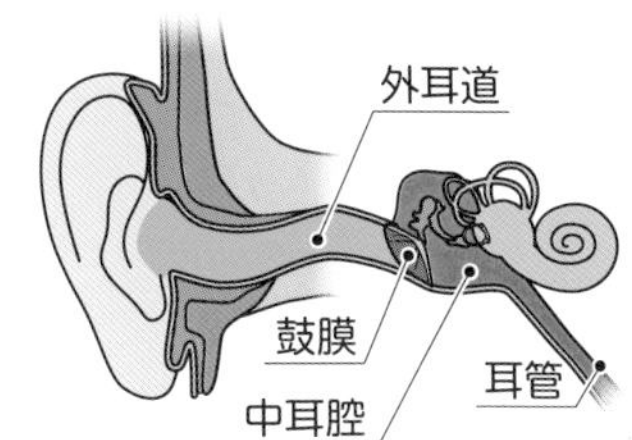

耳管は、中耳の鼓室から咽頭に通じる管で、通常は**閉じて**いますが、唾を飲み込むような場合に**開いて**鼓膜内外の圧調整を行います。

耳の障害を防ぐため、**耳抜き**を行って**耳管を開き**、口腔の空気を中耳腔に送り込んで鼓膜内外の圧力調整を行います。ただし、耳抜きは強く行うほど**内耳に損傷**が生じるため、動作は**適度**に行います。また、風邪をひいたときは、炎症のため咽喉や鼻の粘膜が腫れ、耳抜きが**しにくくなります**。

➲ 空気塞栓症

空気塞栓症は、急浮上などによる肺の**過膨張**が原因となって発症します。肺胞の毛細血管に侵入した**空気**が心臓を介して移動し、動脈系の末梢血管を**閉塞**することにより起こるためです。心臓においてはほとんど認められず、ほぼ全てが**脳**において発症します。

潜水器を使用した潜水における**浮上時**の肺の圧外傷は、**気胸**と**空気塞栓症**を引き起こすことがあります。一般的には、浮上してすぐに**意識障害**、**痙攣**（けいれん）**発作**などの重篤な症状を示します。

この空気塞栓症を予防するには、浮上速度を**守り**、常に**呼吸を続け**ながら浮上しなければなりません。

➲ 潜水業務における中毒

①酸素中毒

酸素中毒は、酸素分圧の**高いガスの吸入**によって生じる症状で、呼吸ガス中に**二酸化炭素**が**多い**ときには起こりやすくなります。

中枢神経が冒される**脳酸素中毒**と、肺が冒される**肺酸素中毒**に大きく分けられます。

酸素中毒及び肺酸素中毒については次のとおりです。

脳酸素中毒	140～160kPa程度の酸素分圧の呼吸ガスを**短時間**呼吸したときに生じる。 症状は、**吐き気**、**めまい**、**痙攣（けいれん）発作**などがあり、特に**痙攣発作**が潜水作業中に起こると、多くの場合**致命傷**になる。
肺酸素中毒	50kPa程度の酸素分圧の呼吸ガスを**長時間**呼吸したときに生じる。 致命傷になることは通常考えられないが、**肺機能の低下**をもたらし、肺活量が**減少する**ことがある。

大深度潜水では、酸素中毒を防止するため、潜水深度に応じて酸素濃度を**低くした混合ガス**を用います。

②一酸化炭素中毒

一酸化炭素中毒は、一酸化炭素が血液中の赤血球に含まれる**ヘモグロビン**と強く結合し、酸素の運搬ができなくなるために起こります。

潜水においては、空気圧縮機の送気やボンベ内の充塡空気にエンジンの**排気ガス**が混入した場合に一酸化炭素中毒を起こすことがあります。

一酸化炭素中毒の症状には、**頭痛**、**めまい**、**吐き気**、**嘔（おう）吐**などのほか、重い場合には**意識障害**、**昏（こん）睡状態**などがあります。

③二酸化炭素中毒

二酸化炭素（炭酸ガス）中毒は、二酸化炭素が**過剰**になって正常な生体機能を維持できなくなった状態をいい、空気の送気量の不足や、炭酸ガスの多い呼吸ガスの呼吸によって、肺でのガス交換が**不十分**となり、体内に二酸化炭素が**蓄積して**起きることがあります。

症状には、**頭痛**、**めまい**、**体のほてり**、**意識障害**などがあります。また、二酸化炭素中毒になると、**酸素中毒**、**窒素酔い**及び**減圧症**にも罹（り）患しやすくなります。

潜水方法による二酸化炭素中毒については次のとおりです。

ヘルメット式潜水	ヘルメット内に吐き出した呼気により二酸化炭素濃度が**高くなって**中毒を起こすことがあるため、予防するには、十分な**送気**を行う。
スクーバ式潜水	呼気は水中に排出するが、ボンベ内の呼吸ガスの消費量を少なくする目的で**呼吸回数**を故意に減らしたときなど、炭酸ガスの排出が不十分なときに生じる。

全面マスク式潜水	口鼻マスクの装着が**不完全**な場合、漏れ出た呼気ガスを再呼吸し、かかることがある。

④窒素酔い

潜水深度が深くなると、呼気中の**窒素分圧**が**高く**なり、アルコールを**飲酒したような状態**の窒素酔いが起きます。**飲酒**、**疲労**、**大きな作業量**、**不安**などは、窒素酔いを起こしやすくなる原因となります。

窒素酔いにかかると、**気分が愉快**になり、総じて**楽観的**あるいは**自信過剰**になるなど、その症状には個人差がありますが、これが誘因となって正しい**判断ができず**、重大な結果を招くことがあります。

深い潜水における窒素酔いの予防のためには、呼吸ガスとして、空気の代わりに**ヘリウム**と**酸素**の混合ガスなどを使用します。

➡ 減圧症

①減圧症

減圧症は、通常、**浮上後24時間以内**に発症しますが、長時間の潜水や飽和潜水では**24時間以上経過した後**でも発症することがあります。**皮膚の痒**(かゆ)**み**、**関節の痛み**などを呈する比較的軽症なものと、**脳**・**脊椎**や**肺**などが冒される重症なものとに大別されますが、**皮膚の痒みや皮膚に大理石斑**(はん)ができる症状はより**重い症状**に進む可能性があります。

ベンズは、関節・筋肉痛などの**筋肉関節型減圧症**をいいます。なお、重症度とは関係ありません。

チョークスは、血液中に発生した気泡が肺毛細血管を塞栓する**重篤な肺減圧症**になります。

また、潜水後に**航空機**に搭乗して、**高所**への移動などによって**低圧**にばく露されたときに発症することもあります。

減圧症は、**高齢者**、**最近外傷を受けた人**、**脱水症状の人**や作業量が**多く**、血流量の**増える**重筋作業の潜水などが罹患しやすくなります。

ただし、規定の浮上速度や浮上停止時間を**順守した場合**であっても、減圧症にかかることがあるため注意しなければなりません。

②減圧症の原因となる体内への窒素の溶け込み

潜水すると、水深に応じ呼吸する空気中の**窒素分圧**が**上昇**し、肺における窒素の血液への溶解量が**増え**ます。血液に溶解した窒素は、血液循環により体内のさまざまな組織に送られ**溶け込んで**いきます。体内へ溶け込む窒素の量は、潜水深度が**深く**なるほど、また潜水時間が**長く**なるほど**大きく**なります。

浮上に伴って呼吸する空気の窒素分圧が**低下**すると、組織に溶け込んでいる窒素は、溶け込みとは逆の経路で、体内外の窒素分圧が**等しくなる**まで体外へ排出されます。身体組織に溶け込んでいる窒素の排出が不十分な場合は、血管外の組織や血管中で気泡を作って**閉塞**を起こします。

ここまでの確認!! 一問一答

問1 学習チェック ☐☐☐
圧外傷は、水圧が身体に不均等に作用することにより生じる。

問2 学習チェック ☐☐☐
圧外傷は、深さ５ｍ以上の場所での潜水の場合に限り生じる。

問3 学習チェック ☐☐☐
圧外傷は、潜降又は浮上のいずれのときでも生じ、潜降時のものをブロック、浮上時のものをスクィーズと呼ぶ。

問4 学習チェック ☐☐☐
潜降時の圧外傷は、潜降による圧力変化のために体腔内の空気の体積が増えることにより生じ、中耳腔、副鼻腔、面マスクの内部や潜水服と皮膚の間などで生じる。

問5 学習チェック ☐☐☐
浮上時の圧外傷は、浮上による圧力変化のために体腔内の空気の体積が減少することにより生じ、副鼻腔、肺などで生じる。

問6 学習チェック ☐☐☐
虫歯の処置後に再び虫歯になって内部に密閉された空洞ができた場合、その部分で圧外傷が生じることがある。

問7 学習チェック ☐☐☐
副鼻腔の障害による症状には、額の周りや目・鼻の根部の痛み、鼻出血などがある。

問8 学習チェック ☐☐☐
耳の障害による症状には、耳の痛み、閉塞感、難聴、めまいなどがある。

問9 学習チェック ☐☐☐
中耳腔は、耳管によって咽頭と通じているが、この管は通常は閉じている。

問10 学習チェック ☑☑☑ 前頭洞、上顎洞などの副鼻腔は、管によって鼻腔と通じており、耳抜きによってこの管を開いて圧力調整を行う。

問11 学習チェック ☑☑☑ 圧力の不均等による内耳の損傷を防ぐには、耳抜き動作は強く行うほど効果的である。

問12 学習チェック ☑☑☑ 潜降の途中で耳が痛くなるのは、外耳道と中耳腔との間に圧力差が生じるためである。

問13 学習チェック ☑☑☑ 通常は、耳管が開いているので、外耳道の圧力と中耳腔の圧力には差がない。

問14 学習チェック ☑☑☑ 空気塞栓症は、急浮上などによる肺の過膨張が原因となって発症する。

問15 学習チェック ☑☑☑ 空気塞栓症は、肺胞の毛細血管に侵入した空気が、動脈系の末梢血管を閉塞することにより起こる。

問16 学習チェック ☑☑☑ 空気塞栓症は、脳においてはほとんど認められず、ほぼ全てが心臓において発症する。

問17 学習チェック ☑☑☑ 酸素中毒は、酸素分圧の高いガスの吸入によって生じる症状で、呼吸ガス中に二酸化炭素が多いときには起こりにくい。

問18 学習チェック ☑☑☑ 脳酸素中毒の症状には、吐き気、めまい、痙攣（けいれん）発作などがあり、特に痙攣発作が潜水中に起こると、多くの場合致命的になる。

問19 学習チェック ☑☑☑ 脳酸素中毒は、50kPa程度の酸素分圧の呼吸ガスを長時間呼吸したときに生じ、肺酸素中毒は、140～160kPa程度の酸素分圧の呼吸ガスを短時間呼吸したときに生じる。

問20 学習チェック ☑☑☑ 大深度潜水では、酸素中毒を防止するため、潜水深度に応じて酸素濃度を低くした混合ガスを用いる。

問21 学習チェック ☑☑☑ エンジンの排気ガスが、空気圧縮機の送気やボンベ内の充塡空気に混入した場合は、一酸化炭素中毒を起こすことがある。

問22 学習チェック ☑☑☑ 一酸化炭素中毒の症状には、頭痛、めまい、吐き気、嘔吐（おう）などのほか、重い場合には意識障害、昏（こん）睡状態などがある。

問23 学習チェック□□□
二酸化炭素中毒は、二酸化炭素が血液中の赤血球に含まれるヘモグロビンと強く結合し、酸素の運搬ができなくなるために起こる。

問24 学習チェック□□□
二酸化炭素中毒にかかると、酸素中毒、窒素酔い及び減圧症にかかりやすくなる。

問25 学習チェック□□□
二酸化炭素中毒の症状には、頭痛、めまい、体のほてり、意識障害などがある。

問26 学習チェック□□□
スクーバ式潜水では、二酸化炭素中毒は生じないが、ヘルメット式潜水では、ヘルメット内に吐き出した呼気により二酸化炭素濃度が高くなって中毒を起こすことがある。

問27 学習チェック□□□
全面マスク式潜水では、口鼻マスクの装着が不完全な場合、漏れ出た呼気ガスを再呼吸し、二酸化炭素中毒にかかることがある。

問28 学習チェック□□□
潜水深度が深くなると、吸気中の窒素が酸化するため、窒素酔いが起きる。

問29 学習チェック□□□
減圧症は、皮膚の痒み、関節の痛みなどを呈する比較的軽症な減圧症と、脳・脊椎や肺が冒される重症な減圧症とに大別されるが、この重症な減圧症を特にベンズという。

問30 学習チェック□□□
規定の浮上速度や浮上停止時間を順守した場合、減圧症にかかることはない。

問31 学習チェック□□□
減圧症は、高齢者、最近外傷を受けた人、脱水症状の人や作業量が多く、血流量の増える重筋作業の潜水などが罹(り)患しやすくなる。

問32 学習チェック□□□
減圧症の発症は、通常、浮上後24時間以上経過した後であるが、長時間の潜水や飽和潜水では24時間以内に発症することがある。

問33 学習チェック□□□
チョークスは、血液中に発生した気泡が肺毛細血管を塞栓する重篤な肺減圧症である。

問34 学習チェック□□□
溶け込む窒素の量は、潜水深度が深くなるほど、また潜水時間が長くなるほど大きくなる。

問35 学習チェック□□□
身体組織に溶け込んでいる窒素の排出が不十分な場合は、血管外の組織において気泡をつくることはないが、血管中で気泡となって閉塞を起こす。

解答1	○	
解答2	×	潜水の場合は深さに**関係なく**圧外傷が**生じる**。
解答3	×	潜降時のものを**スクィーズ**、浮上時のものを**ブロック**と呼ぶ。
解答4	×	潜降時の圧外傷は、潜降による圧力変化のために体腔内の空気の体積が**減少する**ことにより生じる。
解答5	×	浮上時の圧外傷は、浮上による圧力変化のために体腔内の空気の体積が**増える**ことにより生じる。
解答6	○	
解答7	○	
解答8	○	
解答9	○	
解答10	×	副鼻腔と耳抜きは**関係がない**。耳抜きは耳管を開き、口腔の空気を中耳腔に送り込んで圧力調整を行う。
解答11	×	強く行うほど**内耳損傷**が起こる可能性があるため、**適度に行う**。
解答12	○	
解答13	×	耳管は、中耳の鼓室から咽頭に通じる管で、通常は**閉じている**が、唾を飲み込むような場合に開く。
解答14	○	
解答15	○	
解答16	×	心臓においてはほとんど認められず、ほぼ全てが**脳**で発症する。
解答17	×	呼吸ガス中に二酸化炭素が**多い**ときに**起こりやすい**。
解答18	○	

解答19 × 脳酸素中毒は、**140～160kPa程度**の酸素分圧の呼吸ガスを**短時間呼吸**したときに生じ、肺酸素中毒は、**50kPa程度**の酸素分圧の呼吸ガスを**長時間呼吸**したときに生じる。

解答20 ○

解答21 ○

解答22 ○

解答23 × 設問の内容は、**一酸化炭素中毒**。

解答24 ○

解答25 ○

解答26 × スクーバ式では、呼吸回数を故意に減らしたときなど炭酸ガスの排出が不十分なときに**二酸化炭素中毒**が生じる。

解答27 ○

解答28 × 潜水深度が深くなると、呼吸する**空気中の窒素分圧が上昇し**、アルコールを飲酒したような状態の窒素酔いが起きる。

解答29 × 減圧症の重症度とベンズは**関係がない**。関節・筋肉痛などの**筋肉関節型減圧症**をベンズという。

解答30 × 規定の浮上速度や浮上停止時間を順守した場合でも減圧症に**かかることもある**。

解答31 ○

解答32 × 減圧症の発症は、通常、**浮上後24時間以内**で、長時間の潜水や飽和潜水では**24時間以上経過した後**に発症することがある。

解答33 ○

解答34 ○

解答35 × 身体組織に溶け込んでいる窒素の排出が不十分な場合は、血管外の組織及び血管中で**気泡を作り**閉塞を起こす。

6　潜水作業者の健康管理

学習チェック ☑☑☑

潜水作業者の健康管理

①健康診断

潜水作業者に対する健康診断では、**四肢の運動機能検査**、**鼓膜・聴力の検査**、**肺活量の測定**などのほか、必要な場合は、**作業条件調査**や**心電図検査**などを行います。健康診断において行われる関節部のエックス線直接撮影による検査は、**骨壊死**（骨組織が破壊されること）のチェックのためで、通常、**股関節**、**肩関節**、**膝関節**など侵されやすい部位が対象となります。

②アルコール

前日の飲酒により体内にアルコールが残った状態で潜水すると、**減圧症**、**低体温症**や**窒素酔い**発症リスクが高くなります。

③UPTD（肺酸素毒性量単位）（⇒87P参照）

空気塞栓症のリスクを評価する指標としてUPTD（肺酸素毒性量単位）があり、**1日のばく露量**（600UPTD）だけでなく、**1週間のばく露量**（2500CPTD）も一定の値以下となるように管理しなければなりません。

潜水業務への就業が禁止される疾病

高圧則において、潜水環境で病状の悪化する恐れのある疾病や、潜水によって障害を誘発する恐れのある疾病にかかっている者を潜水業務に従事させることを禁じています。潜水業務への就業が禁止される疾病は次のとおりになります。

減圧症その他高気圧による障害又はその後遺症
肺結核その他呼吸器の結核又は急性上気道感染、じん肺、**肺気腫**その他呼吸器系の疾病
貧血症、**心臓弁膜症**、冠状動脈硬化症、**高血圧症**その他血液又は循環器系の疾病
精神神経症、**アルコール中毒**、**神経痛**その他精神神経系の疾病
メニエル病又は**中耳炎**その他耳管狭さくを伴う耳の疾病
関節炎、**リウマチ**その他運動器の疾病

ぜんそく、**肥満症**、**バセドー病**その他アレルギー性、内分泌系、物質代謝又は栄養の疾病

ここまでの確認!! 一問一答

問1 学習チェック ☐☐☐ 潜水作業者に対する健康診断において行われる関節部のエックス線直接撮影による検査は、減圧症の既往歴のチェックのためで、通常、股関節、肩関節、膝関節など侵されやすい部位が対象となる。

問2 学習チェック ☐☐☐ 前日の飲酒により体内にアルコールが残った状態で潜水すると、減圧症や低体温症の発症リスクが高くなるが、窒素酔いの発症リスクは低くなる。

問3 学習チェック ☐☐☐ 白内障である者は、医師が必要と認める期間、潜水業務に就業することを禁止する必要がある。

問4 学習チェック ☐☐☐ 胃炎は、医師が必要と認める期間、潜水業務に就業することが禁止される疾病に該当しない。

問5 学習チェック ☐☐☐ 貧血症は、医師が必要と認める期間、潜水業務に就業することが禁止される疾病に該当しない。

解答1 × 減圧症の既往歴ではなく、**骨壊死**のチェックのためである。

解答2 × 窒素酔いの発症リスクも**高くなる**。

解答3 × 白内障である者は、潜水業務を禁止する**必要はない**。

解答4 ○

解答5 × 貧血症は、潜水業務を禁止される疾病に**該当する**。

7　潜水業務に必要な救急処置

学習チェック ☑☑☑

➡ 一次救命処置

①一次救命処置

● 一次救命処置の流れ（JRC 蘇生ガイドライン 2020 引用）

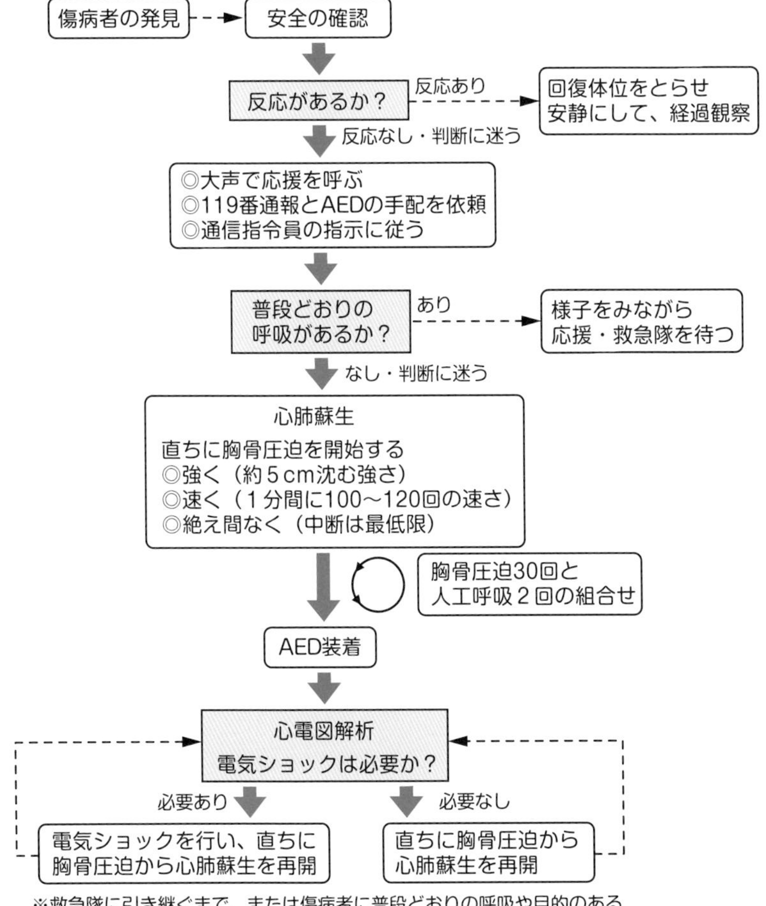

※救急隊に引き継ぐまで、または傷病者に普段どおりの呼吸や目的のあるしぐさが認められるまで心配蘇生を続ける

第３章　高気圧障害

一次救命措置は、できる限り単独で行うことは**避けます**。もし、傷病者に反応がなければ、大声で叫んで周囲に**注意喚起**し、協力者を**確保**します。協力者が来たら、119番通報とAEDの手配を依頼します。救助者が１人の場合で、協力者が誰もいないときには、自分で119番通報することを優先します。

傷病者に反応がある場合及び反応はないが普段どおりの呼吸をしている場合は、**回復体位**をとらせて安静にして、経過を観察します。また、嘔吐や吐血などがみられる場も、**回復体位**をとらせ、経過を観察します。

●回復体位

心肺停止とみなし、**心肺蘇生を開始**する条件は次のとおりです。

呼吸を確認して**普段どおりの息（正常な呼吸）がない**場合
約10秒間観察しても判断できない場合や**よく分からない**場合
胸と腹部の動きを観察し、胸と腹部が**上下に動いていない**場合
しゃくりあげるような**途切れ途切れの呼吸がみられる**場合（心停止が起こった直後に見られる呼吸で**死戦期呼吸**という）

気道を確保するためには、仰向けにした傷病者のそばにしゃがみ、下あごを**引き上げる**ようにして頭部を**後方**に軽く反らせます。このときの気道の確保は、**頭部後屈あご先挙上法**によって行います。気道が確保されていない状態で人工呼吸を行うと、吹き込んだ息が胃に流入し胃が膨張して、内容物が口の方に逆流して**気道閉塞**を招くことがあるので注意します。

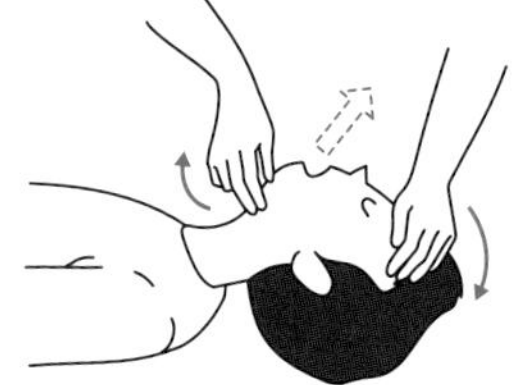

●頭部後屈あご先挙上法

胸骨圧迫は、胸が約**5cm**沈む強さで**胸骨の下半分**を圧迫し、１分間に**100～120回**のテンポで行います。このとき、傷病者を平らな**堅い板**などの床面を背中にして行います。

胸骨圧迫と人工呼吸を行う場合は、胸骨圧迫**30回**に人工呼吸**２回**を繰り返します。また、救助者が２人以上であれば、胸骨圧迫を実施している人が疲れを感じない場合でも、**約２分（５サイクル）**を目安に交代で行います。

②AED（自動体外式除細動器）

AED（自動体外式除細動器）を用いて救命処置を行う場合には、電気ショックの後、AEDの**メッセージに従い**、すぐに胸骨圧迫を開始して**心肺蘇生**を続けます。電気ショック**不要の音声メッセージ**が流れた場合には、その後に続くメッセージに従って、胸骨圧迫を再開し**心肺蘇生**を続けます。なお、AEDを使用する際に、濡れた状態だと電気ショックの電気が体の表面の水を伝わって**流れてしまい**、十分な効果が**得られない**ため、タオルや布などで濡れている箇所を**拭き取って**から行います。

潜水者にAEDを用いる場合は、救急再圧とのタイミングが重要になりますが、強い呼びかけにも反応がなく、呼吸による体動がない心肺停止の潜水者に対しては、直ちに**心肺蘇生**を実施して、AEDによる**除細動**を**最優先**に行います。また、心拍再開前の再圧は、電気的な安全面に問題があるため再圧中はAEDを**使用してはなりません**。

③再圧治療等

再圧治療は、**減圧症**や**空気塞栓症**を発症したときに行うものです。

減圧症を発症し、再圧室まで搬送しなければならない場合には、**仰向け**が推奨されています。脳圧が上がるため、**頭を下げる体位**にしてはならず、低体温とならないように保温に努めます。

再圧治療時は、高分圧の酸素にもばく露されるため、**酸素中毒**を発症するおそれがあるため**注意**します。再圧治療が終了した後しばらくは、体内にまだ余分な**窒素**が残っているので、そのまま再び潜水すると減圧症を**再発**するおそれがあるため注意します。

ここまでの確認!!　一問一答

問1 学習チェック ☐☐☐　一次救命処置は、できる限り単独で行うことは避ける。

問2 学習チェック ☐☐☐　傷病者の反応の有無を確認し、反応がない場合には、大声で叫んで周囲の注意を喚起し、協力を求める。

問3 学習チェック ☐☐☐　傷病者に反応がある場合は、回復体位をとらせて安静にして、経過を観察する。

問4 学習チェック ☐☐☐　しゃくりあげるような途切れ途切れの呼吸がみられる場合は、心停止の直後にみられる死戦期呼吸と判断し、胸骨圧迫を開始する。

問5 学習チェック □□□ 傷病者に普段どおりの息がない場合は、人工呼吸をまず1回行い、その後30秒間は様子を見て、呼吸、咳、体の動きなどがみられない場合に、胸骨圧迫を行う。

問6 学習チェック □□□ 胸骨圧迫は、胸が約5cm沈む強さで胸骨の下半分を圧迫し、1分間に少なくとも60回のテンポで行う。

問7 学習チェック □□□ 胸骨圧迫を行うときは、傷病者を柔らかいふとんの上に寝かせて行う。

問8 学習チェック □□□ 気道を確保するためには、仰向けにした傷病者のそばにしゃがみ、後頭部を軽く上げ、あごを下方に押さえる頭部後屈あご先挙上法によって行う。

問9 学習チェック □□□ 胸骨圧迫と人工呼吸を行う場合は、胸骨圧迫10回に人工呼吸1回を繰り返す。

問10 学習チェック □□□ 胸骨圧迫は、救助者が2人以上いても、交代による中断時間ができるため、交代しないほうがよい。

問11 学習チェック □□□ AED（自動体外式除細動器）を用いた場合、電気ショックを行った後や電気ショック不要の音声メッセージが出たときは、胸骨圧迫を再開し心肺蘇生を続ける。

問12 学習チェック □□□ AED（自動体外式除細動器）を使用する場合は、電流が流れやすいように体表を濡れた状態にすることが効果的である。

問13 学習チェック □□□ 潜水者が水中で心肺停止となり急浮上させたため再圧が必要な場合は、直ちに再圧室で再圧しながら、AED（自動体外式除細動器）を使用する。

問14 学習チェック □□□ 減圧症を発症し、再圧室まで搬送しなければならない場合には、仰向けにし、血流内の気泡が脳に達することを避けるため、頭を低くした状態で搬送する。

問15 学習チェック □□□ 再圧室は、減圧症を発症した場合に使用するもので、空気塞栓症を発症した場合には使用してはならない。

問16 学習チェック □□□ 減圧症の再圧治療が終了した後しばらくは、体内にまだ余分な窒素が残っているので、そのまま再び潜水すると減圧症を再発するおそれがある。

解答1 ○

解答2 ○

解答3 ○

解答4 ○

解答5 × 傷病者に普段どおりの息がない場合は、**約10秒間**観察し、反応がない場合や判断できない場合は、心停止とみなし、**心肺蘇生を開始**する。

解答6 × 1分間に**100～120回**のテンポで行う。

解答7 × 傷病者を平らな**堅い板**などの床面を背中にして行う。

解答8 × 気道を確保するためには、仰向けにした傷病者のそばにしゃがみ、下あごを**引き上げる**ようにして**頭部を後方**に軽く反らせる**頭部後屈あご先挙上法**で気道を確保する。

解答9 × 胸骨圧迫**30回**に人工呼吸**2回**を繰り返す。

解答10 × 胸骨圧迫は、救助者が2人以上であれば、胸骨圧迫を実施している人が疲れを感じない場合でも、**約2分（5サイクル）**を目安に他の救助者と**交代する**。

解答11 ○

解答12 × AEDを使用する際に、濡れた状態だと電気ショックの電気が体の表面の水を伝わって流れてしまうため、十分な**効果が得られない**。タオルや布などで**濡れている箇所を拭き取って**から行う。

解答13 × 潜水者が水中で心肺停止となり急浮上させたため再圧が必要な場合であっても、直ちに心肺蘇生を実施して、AEDによる**除細動**が**最優先**になる。

解答14 × 脳圧が上がるため、頭を**下げる体位**に**してはならない**。

解答15 × 再圧治療は、**減圧症**や**空気塞栓症**を発症したときに行う。

解答16 ○

過去問題で総仕上げ

問　題【高気圧障害編】

1　人体の肺換気機能

（テキスト⇒144P・解説/解答⇒190P）

学習チェック

問1 学習チェック

肺の構造、肺の障害などに関し、誤っているものは次のうちどれか。［R5.4］

（1）鼻や口から吸い込まれた呼吸ガスは、気管→気管支→細気管支→呼吸細気管支の順で通過し、肺胞に至る。

（2）肺呼吸は、肺内に吸い込んだ空気中の酸素を血液中に取り入れ、血液中の二酸化炭素を排出するガス交換である。

（3）肺は、膨らんだり縮んだりして空気を出し入れしているが、肺自体には膨らむ力はない。

（4）肺の臓側胸膜と壁側胸膜で囲まれた部分を胸膜腔（くう）という。

（5）胸膜腔に空気が侵入し胸郭が広がっても肺が広がらない状態を、空気塞栓症という。

問2 学習チェック

肺の換気機能と潜水による肺の障害に関し、誤っているものは次のうちどれか。［R4.10］

（1）肺の中で行われる、空気と血液の間での酸素と二酸化炭素の交換は、肺胞及び呼吸細気管支でのみ行われている。

（2）肺の表面と胸郭内側の面は、胸膜で覆われており、両者間の空間を胸膜腔（くう）という。

（3）肺は、筋肉活動による胸郭の拡張に伴って膨らむ。

（4）胸膜腔に気体が侵入し胸郭が広がっても肺が広がらない状態を肺気腫という。

（5）潜水によって生じる肺の過膨張は、浮上時に起こりやすい。

問3 学習チェック ☑☑☑

呼吸に関する次の記述のうち、誤っているものはどれか。[R4. 4]

(1) 呼吸運動は、主として肋(ろっ)間筋、横隔膜などの呼吸筋によって胸郭内容積を周期的に増減し、それに伴って肺を伸縮させることにより行われる。

(2) 胸郭内容積が増し、内圧が低くなるにつれ、鼻腔(くう)、気管などの気道を経て肺内へ流れ込む空気が吸気である。

(3) 肺胞内の空気と肺胞を取り巻く毛細血管中の血液との間で行われるガス交換を外呼吸という。

(4) 通常の呼吸の場合の呼気には、酸素が約16％、二酸化炭素が約４％含まれる。

(5) 身体活動時には、血液中の窒素分圧の上昇により呼吸中枢が刺激され、１回換気量及び呼吸数が増加する。

問4 学習チェック ☑☑☑

肺換気機能に関し、誤っているものは次のうちどれか。[R3. 10]

(1) 肺呼吸は、空気中の酸素を取り入れ、血液中の二酸化炭素を排出するガス交換である。

(2) ガス交換は、肺胞及び呼吸細気管支で行われ、そこから口側の空間は、ガス交換には直接は関与していない。

(3) ガス交換に関与しない空間を死腔(くう)というが、潜水呼吸器を装着すれば死腔は増加する。

(4) 死腔が小さいほど、酸素不足、二酸化炭素蓄積が起こりやすい。

(5) 潜水中では、呼吸ガスの密度が高くなり呼吸抵抗が増すので、呼吸運動によって気道内を移動できる呼吸ガスの量は深度が増すに従って減少する。

問5 学習チェック ☑☑☑

肺及び呼吸ガスに関し、誤っているものは次のうちどれか。[R3. 4]

(1) 肺は、肺胞と胸膜の協調運動によって膨らんだり縮んだりして、空気を出し入れしている。

(2) 肺の表面と胸郭内側の面は、胸膜で覆われており、両者間の空間を胸膜腔(くう)という。

(3) 肺呼吸は、肺内に吸い込んだ空気中の酸素を血液中に取り入れ、血液中の二酸化炭素を排出するガス交換である。

（4）ガス交換は、肺胞及び呼吸細気管支で行われ、そこから口側の空間は、ガス交換には直接は関与していない。

（5）二酸化炭素濃度は、通常の空気中では0.04％程度であるが、呼気中では４％程度となる。

2　人体の循環器系

（テキスト⇒147P・解説/解答⇒190P）

学習チェック ☑☑☑

問１ 学習チェック ☑☑☑

人体の循環器系に関し、誤っているものは次のうちどれか。［R4.4］

（1）末梢組織から二酸化炭素や老廃物を受け取った血液は、毛細血管から静脈、大静脈を通って心臓に戻る。

（2）心臓に戻った静脈血は、肺動脈を通って肺に送られ、そこでガス交換が行われる。

（3）心臓は左右の心室及び心房、すなわち四つの部屋に分かれており、血液は左心房から大動脈を通って体全体に送り出される。

（4）心臓の左右の心房の間が卵円孔開存で通じていると、減圧障害を引き起こすおそれがある。

（5）大動脈の根元から出た冠動脈は、心臓の表面を取り巻き、心筋に酸素と栄養を供給する。

問２ 学習チェック ☑☑☑

人体の循環器系に関し、誤っているものは次のうちどれか。［R4.10/R3.10］

（1）心臓は左右の心室及び心房、すなわち四つの部屋に分かれており、血液は左心室から体全体に送り出される。

（2）末梢組織から二酸化炭素を受け取った血液は、毛細血管から静脈、大静脈を通って心臓の右心房に戻る。

（3）大動脈及び肺動脈を流れる血液は、酸素に富む動脈血である。

（4）心臓の左右の心房の間が卵円孔開存で通じていると、減圧障害を引き起こすおそれがある。

（5）大動脈の根元から出た冠動脈は、心臓の表面を取り巻き、心筋に酸素と栄養を供給する。

問3 学習チェック ☑☑☑

心臓と血液循環等に関し、誤っているものは次のうちどれか。[R3.4]

（1）心臓は、血液を全身に供給するためのポンプの役割を果たしており、安静時、毎分約10Ｌの血液を送り出す。

（2）大動脈を流れる血液は動脈血であるが、肺動脈を流れる血液は静脈血である。

（3）心臓の拍動による動脈圧の変動を末梢（しょう）の動脈で触知したものを脈拍といい、一般に、手首の橈（とう）骨動脈で触知する。

（4）最大血圧は、心室が収縮したときの血管内圧力で、最小血圧は心室が拡張したときの圧力である。

（5）最大血圧と最小血圧の差を脈圧という。

問4 学習チェック ☑☑☑

下の図は、人体の血液循環の経路の一部を模式的に表したものであるが、図中の血管Ａ及びＢとそれぞれを流れる血液の特徴に関し、（1）～（5）のうち正しいものはどれか。[R5.4]

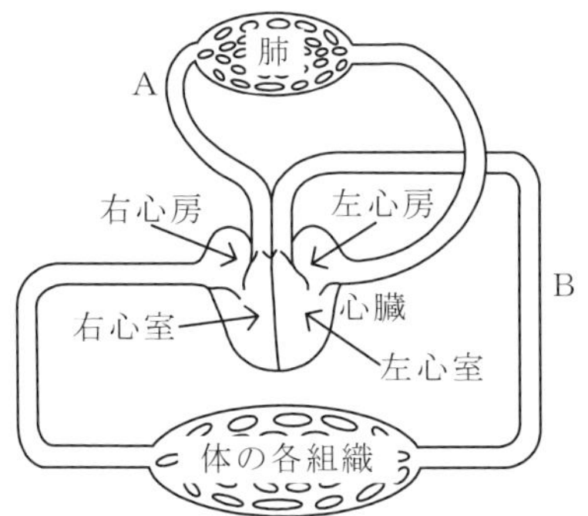

（1）血管Ａは動脈、血管Ｂは静脈であり、血管Ａを流れる血液は、血管Ｂを流れる血液よりも酸素を多く含んでいる。

（2）血管Ａは動脈、血管Ｂは静脈であり、血管Ｂを流れる血液は、血管Ａを流れる血液よりも酸素を多く含んでいる。

（3）血管Ａは静脈、血管Ｂは動脈であり、血管Ａを流れる血液は、血管Ｂを流れる血液よりも酸素を多く含んでいる。

（4）血管Ａ、Ｂはともに動脈であり、血管Ｂを流れる血液は、血管Ａを流れる血液よりも酸素を多く含んでいる。

（5）血管Ａ、Ｂはともに静脈であり、血管Ａを流れる血液は、血管Ｂを流れる血液よりも酸素を多く含んでいる。

問5 学習チェック ☑☑☑

下の図は、人体の血液循環の経路の一部を模式的に表したものであるが、図中の血管AからDのうち、動脈である血管の組合せとして、正しいものは（1）～（5）のうちどれか。［R2.10］

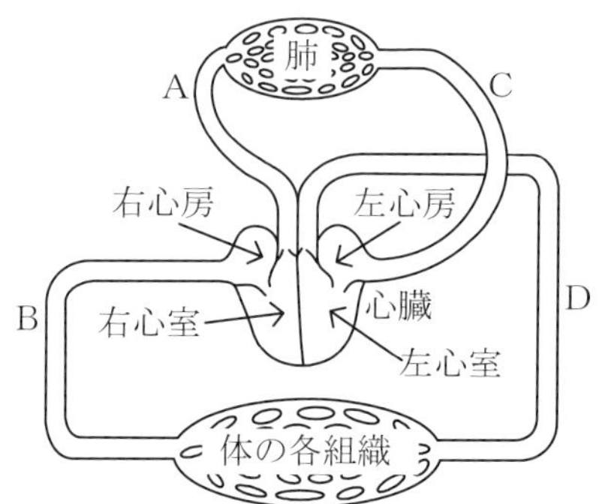

（1）A，B
（2）A，C
（3）A，D
（4）B，C
（5）C，D

3　人体の神経系

（テキスト⇒149P・解説/解答⇒192P）

学習チェック ☑☑☑

問1 学習チェック ☑☑☑

人体の神経系に関し、誤っているものは次のうちどれか。［R4.4］

（1）神経系は、身体を環境に順応させたり動かしたりするために、身体の各部の動きや連携の統制をつかさどる。
（2）神経系は、中枢神経系と末梢（しょう）神経系から成る。
（3）中枢神経系は、脳と脊髄から成り、脳は特に多くのエネルギーを消費するため、脳への酸素供給が数分間途絶えると修復困難な損傷を受ける。
（4）末梢神経系は、体性神経と自律神経から成る。
（5）体性神経は、運動神経と交感神経から成り、運動と感覚の作用を調節している。

問2 学習チェック ☑☑☑

人体の神経系に関し、誤っているものは次のうちどれか。

［R5. 4/R4. 10/R3. 10］

（1）末梢(しょう)神経は、体性神経と自律神経に分類される。

（2）脳神経は、脳から直接出る12対の末梢神経である。

（3）自律神経は、交感神経と副交感神経に分類される。

（4）交感神経は主として夜になると働きが活発になり、副交感神経は昼になると働きが活発になる。

（5）人体の機能は、交感神経と副交感神経の二重支配による調節と平衡の上に成り立っている。

問3 学習チェック ☑☑☑

人体の神経系に関し、誤っているものは次のうちどれか。［R3. 4］

（1）脳神経は、脳から直接出る12対の末梢神経である。

（2）体性神経は、交感神経と副交感神経から成り、運動と感覚の作用を調節している。

（3）大脳皮質は、中枢として働きを行う部分で、運動、感覚、記憶、視覚などの作用を支配する。

（4）小脳は、随意運動、平衡機能などの調整に関与しており、小脳が侵されると運動失調が生じる。

（5）延髄には、生命の維持に重要な呼吸中枢がある。

問4 学習チェック ☑☑☑

神経系に関する次の文及び図中の［　　］内に入れるAからCの語句の組み合わせとして、正しいものは（1）～（5）のうちどれか。［R1.10］

「神経系は中枢神経系と末梢神経系に大別され、末梢神経系のうち［　A　］神経系は［　B　］神経と［　C　］神経から成る。ヒトの体が刺激を受けて反応するときは、下の図のような経路で信号が伝えられる。」

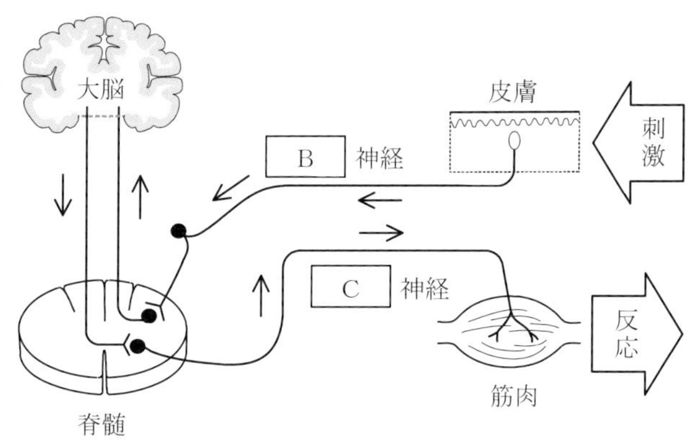

	A	B	C
（1）	自律	運動	感覚
（2）	自律	感覚	運動
（3）	自律	交感	副交感
（4）	体性	運動	感覚
（5）	体性	感覚	運動

4　人体に及ぼす水温の作用及び体温

（テキスト⇒152P・解説/解答⇒193P）

学習チェック ☑☑☑

問1 学習チェック ☑☑☑

人体に及ぼす水温の作用などに関し、誤っているものは次のうちどれか。

［R5.4］

（1）人体の代謝という化学的プロセスによって熱が生じ、人体と外部環境の温度差という物理的プロセスによって熱が放散する。

（2）水の熱伝導度は空気の約25倍大きいので、水中では体温が奪われやすい。

（3）一般に、体温が35℃以下の状態を低体温症という。

（4）体温が低下し始めると筋肉の弛緩、酸素摂取量の減少などの症状が現れる。
（5）低体温症に陥った者への処置として、濡れた衣服は脱がせて乾いた毛布や衣服で覆う方法がある。

問2 学習チェック ☑☑☑

人体に及ぼす水温の作用及び体温に関し、正しいものは次のうちどれか。

［R4. 10］

（1）体温は、代謝によって生じる産熱と、人体と外部環境の温度差に基づく放熱のバランスによって保たれる。
（2）水の熱伝導率は空気の約50倍あるので、水中では、体温が奪われやすい。
（3）体温が低下し始めると、筋肉の弛緩、酸素摂取量の減少などの症状が現れる。
（4）低体温症は、全身が冷やされ、体の中心部の温度が30℃程度以下に低下した状態をいい、意識消失、筋の硬直などの症状がみられる。
（5）低体温症を発症した者への処置としては、アルコールを摂取させることが有効である。

問3 学習チェック ☑☑☑

人体に及ぼす水温の作用及び体温に関し、誤っているものは次のうちどれか。

［R4. 4/R3. 4］

（1）体温は、代謝によって生じる産熱と、人体と外部環境の温度差に基づく放熱のバランスによって一定に保たれる。
（2）水の熱伝導率は空気の約10倍あるので、水中では、体温が奪われやすい。
（3）一般に、体温が35℃以下の状態を低体温症という。
（4）体温が低下し始めると筋肉の緊張の増強、酸素摂取量の増加などの症状が現れる。
（5）水中で体温が低下すると、震え、意識の混濁や消失などを起こし、死に至ることもある。

問4 学習チェック ☑☑☑

人体に及ぼす水温の作用及び体温に関し、誤っているものは次のうちどれか。

［R3.10］

（1）体温は、代謝によって生じる産熱と、人体と外部環境の温度差に基づく放熱のバランスによって保たれる。

（2）体温が低下しはじめると、筋肉の弛緩、酸素摂取量の減少などの症状が現れる。

（3）水は空気より熱伝導率や比熱が大きいので、水中では地上より体温が奪われやすい。

（4）一般に、体温が35℃以下の状態を低体温症という。

（5）低体温症に陥った者への処置として、濡れた衣服は脱がせて乾いた毛布や衣服で覆う方法がある。

5　気圧変化による健康障害

（テキスト⇒154P・解説／解答⇒193P）

学習チェック ☑☑☑

問1 学習チェック ☑☑☑

潜水によって生じる圧外傷に関し、誤っているものは次のうちどれか。［R5.4］

（1）圧外傷は、水圧が身体に不均等に作用することにより生じる。

（2）圧外傷は、潜降又は浮上いずれのときでも生じ、潜降時のものをスクィーズ、浮上時のものをブロックと呼ぶことがある。

（3）潜降時の圧外傷は、潜降による圧力変化のために体腔（くう）内の空気の体積が増えることにより生じ、中耳腔、副鼻腔、面マスクの内部や潜水服と皮膚の間などで生じる。

（4）深さ２ｍ程度の浅い場所での潜水からの浮上でも圧外傷が生じることがある。

（5）虫歯の処置後に再び虫歯になって内部に密閉された空洞ができた場合、その部分で圧外傷が生じることがある。

問2 学習チェック ☑☑☑

潜水によって生じる圧外傷に関し、正しいものは次のうちどれか。[R4.10]

（1）圧外傷は、潜降又は浮上いずれのときでも生じ、潜降時のものをブロック、浮上時のものをスクィーズと呼ぶ。

（2）潜降時の圧外傷は、潜降による圧力変化のために体腔（くう）内の空気の体積が増えることにより生じ、中耳腔、副鼻腔、面マスクの内部や潜水服と皮膚の間などで生じる。

（3）浮上時の圧外傷は、浮上による圧力変化のために体腔内の空気の体積が減少することにより生じ、副鼻腔、肺などで生じる。

（4）虫歯の処置後に再び虫歯になって内部に密閉された空洞ができた場合、その部分で圧外傷が生じることがある。

（5）圧外傷は、深さ５m以上の場所での潜水の場合に限り生じる。

問3 学習チェック ☑☑☑

潜水によって生じる圧外傷に関し、誤っているものは次のうちどれか。

[R3.10]

（1）圧外傷は、水圧が身体に不均等に作用することにより生じる。

（2）圧外傷は、潜降又は浮上いずれのときでも生じ、潜降時のものをスクィーズ、浮上時のものをブロックと呼ぶことがある。

（3）潜降時の圧外傷は、中耳腔（くう）、副鼻腔、面マスクの内部、潜水服と皮膚の間などで生じる。

（4）浮上時の圧外傷は、浮上による圧力変化のために体腔内の空気の体積が減少することにより生じ、副鼻腔、肺などで生じる。

（5）虫歯の処置後に再び虫歯になって内部に密閉された空洞ができた場合、その部分で圧外傷が生じることがある。

問4 学習チェック ☑☑☑

次のAからEの高気圧障害について、圧外傷又は圧外傷によって引き起こされる障害に該当するものの組合せは（1）～（5）のうちどれか。[R2.10/R2.4]

A　減圧症　　B　スクィーズ　　C　骨壊（え）死
D　空気塞栓症　　E　チョークス

（1）A，C　　（2）A，D　　（3）B，D
（4）B，E　　（5）C，E

問5 学習チェック ☑☑☑

肺の圧外傷に関する次の文中の［　　］内に入るAからCの語句の組合せとして、正しいものは（1）～（5）のうちどれか。［R4. 4/R3. 4］

「潜水器を使用した潜水における［　A　］時の肺の圧外傷は、［　B　］と［　C　］を引き起こすことがある。［　B　］は、胸膜腔(くう)に空気が侵入し胸部が拡がっても肺が膨らまなくなる状態をいい、［　C　］は、肺胞の毛細血管に侵入した空気が心臓を介して移動し、動脈系の末梢(しょう)血管を閉塞することにより起こる。」

	A	B	C
（1）	浮上	気胸	空気塞栓症
（2）	浮上	チョークス	ベンズ
（3）	浮上	空気塞栓症	気胸
（4）	潜降	気胸	空気塞栓症
（5）	潜降	チョークス	ベンズ

問6 学習チェック ☑☑☑

潜水による副鼻腔(くう)や耳の障害に関し、誤っているものは次のうちどれか。

［R5. 4/R4. 10/R4. 4/R3. 10］

（1）潜降の途中で耳が痛くなるのは、外耳道と中耳腔との間に圧力差が生じるためである。

（2）中耳腔は、耳管によって咽頭と通じているが、この管は通常は閉じている。

（3）耳の障害の症状には、耳の痛み、閉塞感、難聴、めまいなどがある。

（4）前頭洞、上顎(がく)洞などの副鼻腔は、管によって鼻腔と通じており、耳抜きによってこの管を開いて圧力調整を行う。

（5）副鼻腔の障害の症状には、額の周りや目・鼻の根部の痛み、鼻出血などがある。

問7 学習チェック ☑☑☑

潜水による副鼻腔(くう)や耳の障害に関し、誤っているものは次のうちどれか。

［R3. 4］

（1）潜降の途中で耳が痛くなるのは、内耳と中耳腔との間に圧力差が生じるためである。

（2）耳管は、中耳の鼓室から咽頭に通じる管で、通常は閉じているが、唾を飲み込むような場合に開いて鼓膜内外の圧調整を行う。

（3）耳の障害の症状には、耳の痛み、閉塞感、難聴、めまいなどがある。
（4）副鼻腔の障害は、鼻の炎症などによって、前頭洞、上顎洞などの副鼻腔と鼻腔を結ぶ管が塞がった状態で潜水したときに起こる。
（5）副鼻腔の障害の症状には、額の周りや目・鼻の根部の痛み、鼻出血などがある。

問8 学習チェック ☐☐☐

潜水によって生じる空気塞栓症に関し、誤っているものは次のうちどれか。
［R2. 4］

（1）空気塞栓症は、急浮上などによる肺の過膨張が原因となって発症する。
（2）空気塞栓症は、肺胞の毛細血管に侵入した空気が、動脈系の末梢血管を閉塞することにより起こる。
（3）空気塞栓症は、脳においてはほとんど認められず、ほぼ全てが心臓において発症する。
（4）空気塞栓症は、一般的には浮上してすぐに意識障害、痙攣発作などの重篤な症状を示す。
（5）空気塞栓症を予防するには、浮上速度を守り、常に呼吸を続けながら浮上する。

問9 学習チェック ☐☐☐

潜水業務における二酸化炭素中毒又は酸素中毒に関し、誤っているものは次のうちどれか。［R5. 4］

（1）二酸化炭素中毒の症状には、頭痛、めまい、体のほてり、呼吸困難などがある。
（2）スクーバ式潜水では、二酸化炭素中毒は生じないが、ヘルメット式潜水では、ヘルメット内に吐き出した呼気により二酸化炭素濃度が高くなって中毒を起こすことがある。
（3）ヘルメット式潜水においては、二酸化炭素中毒を予防するため、十分な送気を行う。
（4）二酸化炭素中毒にかかると、酸素中毒、減圧症などにかかりやすくなる。
（5）脳酸素中毒の症状には、吐き気、めまい、視野狭窄、痙攣発作などがある。

問10 学習チェック ☑☑☑

潜水業務における酸素中毒に関し、誤っているものは次のうちどれか。[R4. 10]

（1）酸素中毒は、呼吸ガス中に二酸化炭素が多いときには起こりにくい。
（2）酸素中毒は、一般に、50 kPaを超える酸素分圧にばく露されると起こる。
（3）酸素中毒は、肺が冒される肺酸素中毒と、中枢神経が冒される脳酸素中毒に大別される。
（4）肺酸素中毒は、致命的になることは通常は考えられないが、肺機能の低下をもたらし、肺活量が減少することがある。
（5）脳酸素中毒の症状には、吐き気、めまい、痙攣（けいれん）発作などがあり、特に痙攣発作が潜水中に起こると、多くの場合致命的になる。

問11 学習チェック ☑☑☑

潜水業務における二酸化炭素中毒又は酸素中毒に関し、正しいものは次のうちどれか。[R4. 4]

（1）二酸化炭素中毒は、二酸化炭素が血液中の赤血球に含まれるヘモグロビンと強く結合し、酸素の運搬ができなくなるために起こる。
（2）スクーバ式潜水では、二酸化炭素中毒は生じないが、ヘルメット式潜水では、ヘルメット内に吐き出した呼気により二酸化炭素濃度が高くなって中毒を起こすことがある。
（3）酸素中毒は、酸素分圧の高いガスの吸入によって生じる症状で、呼吸ガス中に二酸化炭素が多いときには起こりにくい。
（4）脳酸素中毒は、50kPa程度の酸素分圧の呼吸ガスを長時間呼吸したときに生じ、肺酸素中毒は、140～160kPa程度の酸素分圧の呼吸ガスを短時間呼吸したときに生じる。
（5）大深度潜水では、酸素中毒を防止するため、潜水深度に応じて酸素濃度を低くした混合ガスを用いる。

問12 学習チェック ☑☑☑

潜水業務における二酸化炭素中毒及び一酸化炭素中毒に関し、誤っているものは次のうちどれか。[R3. 10]

（1）ヘルメット式潜水で二酸化炭素中毒を予防するには、十分な送気を行う。
（2）二酸化炭素中毒は、二酸化炭素が血液中の赤血球に含まれるヘモグロビンと強く結合し、酸素の運搬ができなくなるために起こる。

(3) 二酸化炭素中毒の症状には、頭痛、めまい、体のほてり、意識障害などがある。
(4) エンジンの排気ガスが、空気圧縮機の送気やボンベ内の充塡空気に混入した場合は、一酸化炭素中毒を起こすことがある。
(5) 一酸化炭素中毒の症状には、頭痛、めまい、吐き気、嘔(おう)吐などのほか、重い場合には意識障害、昏(こん)睡状態などがある。

問13 学習チェック ☑☑☑

潜水業務における二酸化炭素中毒又は酸素中毒に関し、正しいものは次のうちどれか。[R3.4]

(1) 二酸化炭素中毒は、二酸化炭素が血液中の赤血球に含まれるヘモグロビンと強く結合し、酸素の運搬ができなくなるために起こる。
(2) スクーバ式潜水では、二酸化炭素中毒は生じないが、ヘルメット式潜水では、ヘルメット内に吐き出した呼気により二酸化炭素濃度が高くなって中毒を起こすことがある。
(3) 酸素中毒は、酸素分圧の高いガスの吸入によって生じる症状で、呼吸ガス中に二酸化炭素が多いときには起こりにくい。
(4) 脳酸素中毒は、50kPa程度の酸素分圧の呼吸ガスを長時間呼吸したときに生じ、肺酸素中毒は、140〜160kPa程度の酸素分圧の呼吸ガスを短時間呼吸したときに生じる。
(5) 脳酸素中毒の症状には、吐き気、めまい、痙攣(けいれん)発作などがあり、特に痙攣発作が潜水中に起こると、多くの場合致命的になる。

問14 学習チェック ☑☑☑

窒素酔いに関し、誤っているものは次のうちどれか。[H29.10]

(1) 深い潜水における窒素酔いの予防のためには、呼吸ガスとして、空気の代わりにヘリウムと酸素の混合ガスなどを使用する。
(2) 潜水深度が深くなると、吸気中の窒素が酸化するため、窒素酔いが起きる。
(3) 飲酒、疲労、大きな作業量、不安などは、窒素酔いを起こしやすくする。
(4) 窒素酔いにかかると、気分が愉快になり、総じて楽観的あるいは自信過剰になるが、その症状には個人差がある。
(5) 窒素酔いが誘因となって正しい判断ができず、重大な結果を招くことがある。

問15 学習チェック ☐☐☐

減圧症に関し、正しいものは次のうちどれか。[R4. 10]

（1）減圧症の発症は、通常、浮上後24時間以上経過した後であるが、長時間の潜水や飽和潜水では24時間以内に発症することがある。

（2）規定の浮上速度や浮上停止時間を順守した場合に減圧症にかかることはない。

（3）皮膚の痒（かゆ）みや皮膚に大理石斑ができる症状はしばらくすると消え、より重い症状に進むことはないので特に治療しなくてもよい。

（4）作業量の多い重筋作業の潜水は、減圧症に罹（り）患しにくい。

（5）チョークスは、血液中に発生した気泡が肺毛細血管を塞栓する重篤な肺減圧症である。

問16 学習チェック ☐☐☐

減圧症に関し、誤っているものは次のうちどれか。[R4. 4]

（1）減圧症は、通常、浮上後24時間以上経過した後に発症するが、長時間の潜水や飽和潜水では24時間以内に発症することがある。

（2）減圧症は、皮膚の痒（かゆ）み、関節の痛みなどを呈する比較的軽症な減圧症と、脳・脊髄、肺などが冒される比較的重症な減圧症とがある。

（3）減圧症は、高齢者、最近外傷を受けた人、脱水症状の人などが罹（り）患しやすい。

（4）規定の浮上速度や浮上停止時間を順守しても減圧症にかかることがある。

（5）減圧症は、潜水後に航空機に搭乗したり、高所への移動などによって低圧にばく露されたときに発症することがある。

問17 学習チェック ☐☐☐

減圧症に関し、誤っているものは次のうちどれか。[R3. 10]

（1）減圧症は、通常、浮上後24時間以内に発症するが、飽和潜水では24時間以上経過した後でも発症することがある。

（2）減圧症は、皮膚の痒（かゆ）み、関節の痛みなどを呈する比較的軽症な減圧症と、脳・脊髄、肺などが冒される比較的重症な減圧症とがある。

（3）チョークスは、血液中に発生した気泡が肺毛細血管を塞栓する重篤な肺減圧症である。

（4）規定の浮上速度や浮上停止時間を順守した場合に減圧症にかかることはない。

（5）減圧症は、潜水後に航空機に搭乗したり、高所への移動などによって低圧にばく露されたときに発症することがある。

問18 学習チェック ☑☑☑

減圧症に関し、誤っているものは次のうちどれか。[R3.4]

（1）減圧症の発症は、通常、浮上後24時間以上経過した後であるが、長時間の潜水や飽和潜水では24時間以内に発症することがある。
（2）減圧症は、皮膚の痒（かゆ）み、関節の痛みなどを呈する比較的軽症な減圧症と、脳・脊髄、肺などが冒される比較的重症な減圧症とがある。
（3）規定の浮上速度や浮上停止時間を順守しても減圧症にかかることがある。
（4）減圧症は、高齢者、最近外傷を受けた人、脱水症状の人などが罹（り）患しやすい。
（5）作業量が多く、血流量の増える重筋作業の潜水では、減圧症に罹患しやすくなる。

問19 学習チェック ☑☑☑

減圧症の原因となる体内への窒素の溶け込みに関し、誤っているものは次のうちどれか。[R5.4]

（1）潜水すると、水深に応じ呼吸する空気中の窒素分圧が上昇し、肺における窒素の血液への溶解量が増す。
（2）血液に溶解した窒素は、血液循環により体内のさまざまな組織に送られ、そこに溶け込んでいく。
（3）溶け込む窒素の量は、潜水深度が深くなるほど、また潜水時間が長くなるほど大きくなる。
（4）浮上に伴って呼吸する空気の窒素分圧が低下すると、組織に溶け込んでいる窒素は、溶け込みとは逆の経路で、体内外の窒素分圧が等しくなるまで体外へ排出される。
（5）身体組織に溶け込んでいる窒素の排出が不十分な場合は、血管外の組織において気泡をつくることはないが、血管中で気泡となって閉塞を起こす。

6　潜水作業者の健康管理

（テキスト⇒163P・解説/解答⇒197P）

学習チェック ☑☑☑

問1 学習チェック ☑☑☑

潜水作業者の健康管理に関し、誤っているものは次のうちどれか。

［R5.4/R4.10］

（1）潜水作業者に対する健康診断では、圧力の作用を大きく受ける四肢の運動機能、聴力などの検査のほか、必要な場合は、作業条件調査などを行う。

（2）潜水作業者に対する健康診断において行われる関節部のエックス線直接撮影による検査は、骨壊（え）死のチェックのためで、通常、股関節、肩関節、膝関節など侵されやすい部位が対象となる。

（3）前日の飲酒により体内にアルコールが残った状態で潜水すると、減圧症や低体温症の発症リスクが高くなる。

（4）肺酸素中毒のリスクを評価する指標としてUPTD（肺酸素毒性量単位）があるが、1UPTDは、100kPa（約1気圧）の酸素分圧に1時間ばく露されたときの毒性量である。

（5）減圧症の再圧治療が終了した後しばらくは、体内にまだ余分な窒素が残っているので、そのまま再び潜水すると減圧症を再発するおそれがある。

問2 学習チェック ☑☑☑

潜水作業者の健康管理に関し、正しいものは次のうちどれか。［R4.4］

（1）潜水作業者に対する健康診断では、圧力の作用を大きく受ける四肢の運動機能の検査、肺活量の測定などのほか、必要な場合は、心電図検査などを行う。

（2）潜水作業者に対する健康診断において行われる関節部のエックス線直接撮影による検査は、減圧症の既往歴のチェックのためで、通常、股関節、肩関節、膝関節など侵されやすい部位が対象となる。

（3）前日の飲酒により体内にアルコールが残った状態で潜水すると、減圧症や低体温症の発症リスクが高くなるが、窒素酔いの発症リスクは低くなる。

（4）空気塞栓症のリスクを評価する指標としてUPTD（肺酸素毒性量単位）があり、1日のばく露量が一定の値以下となるように管理しなければならない。

（5）再圧治療は、減圧症を発症したときに行うものであり、空気塞栓症を発症したときには、行ってはならない。

問3 学習チェック ☑☑☑

潜水作業者の健康管理に関し、誤っているものは次のうちどれか。[R3.4]

（1）股関節、肩関節、膝関節など骨壊(え)死に侵されやすい部位は、必要な場合は、エックス線直接撮影を行う。

（2）白内障である者は、医師が必要と認める期間、潜水業務に就業することを禁止する必要がある。

（3）メニエル病にかかっている者は、医師が必要と認める期間、潜水業務に就業することを禁止する必要がある。

（4）ぜんそくにかかっている者は、医師が必要と認める期間、潜水業務に就業することを禁止する必要がある。

（5）減圧症の再圧治療が終了した後しばらくは、体内にまだ余分な窒素が残っているので、そのまま再び潜水すると減圧症を再発するおそれがある。

問4 学習チェック ☑☑☑

医師が必要と認める期間、潜水業務への就業が禁止される疾病に該当しないものは、次のうちどれか。[R3.10]

（1）貧血症

（2）白内障

（3）心臓弁膜症

（4）アルコール中毒

（5）バセドー病

7　潜水業務に必要な救急処置

（テキスト⇒165P・解説／解答⇒198P）

学習チェック ☑☑☑

問1 学習チェック ☑☑☑

一次救命処置に関し、誤っているものは次のうちどれか。［R4.10］

（1）傷病者に反応がある場合は、回復体位をとらせて安静にして、経過を観察する。

（2）一次救命処置は、できる限り単独で行うことは避ける。

（3）呼吸を確認して普段どおりの息（正常な呼吸）がない場合や約1分間観察しても判断できない場合は、心肺停止とみなし、心肺蘇(そ)生を開始する。

（4）胸骨圧迫は、胸が約5cm沈む強さで、1分間に100～120回のテンポで行う。

（5）AED（自動体外式除細動器）を用いた場合、電気ショックを行った後や電気ショックは不要と判断されたときには、音声メッセージに従い、胸骨圧迫を再開し心肺蘇生を続ける。

問2 学習チェック ☑☑☑

一次救命処置に関する次の記述のうち、正しいものはどれか。［R4.4］

（1）傷病者に反応はないが普段どおりの呼吸をしている場合は、回復体位をとらせて、呼吸状態の観察を続ける。

（2）胸骨圧迫を行うときは、傷病者を柔らかいふとんの上に寝かせて行う。

（3）胸骨圧迫は、救助者が2人以上いても、交代による中断時間ができるため、交代しないほうがよい。

（4）胸骨圧迫は、胸が約5cm沈む強さで胸骨の上半分を圧迫し、1分間に少なくとも60回のテンポで行う。

（5）AED（自動体外式除細動器）を使用する場合は、電流が流れやすいように体表を濡れた状態にすることが効果的である。

問3 学習チェック ☑☑☑

一次救命処置に関し、正しいものは次のうちどれか。［R3.10］

（1）気道を確保するためには、仰向けにした傷病者のそばにしゃがみ、後頭部を軽く上げ、あごを下方に押さえる。

（2）胸と腹部の動きを観察し、胸と腹部が上下に動いていない場合、よくわからない場合には、心停止とみなし、心肺蘇(そ)生を開始する。

（3）胸骨圧迫を行うときは、傷病者を柔らかい布団の上に寝かせて行う。
（4）胸骨圧迫は、胸が約５cm沈む強さで胸骨の下半分を圧迫し、１分間に少なくとも60回のテンポで行う。
（5）AED（自動体外式除細動器）を用いて救命処置を行う場合、電気ショックの後には人工呼吸や胸骨圧迫を行ってはならない。

問4 学習チェック ☑☑☑

一次救命処置に関し、誤っているものは次のうちどれか。[R3. 4]

（1）傷病者の反応の有無を確認し、反応がない場合には、大声で叫んで周囲の注意を喚起し、協力を求める。
（2）反応はないが普段どおりの呼吸をしている傷病者は、回復体位をとらせて安静にして、経過を観察する。
（3）しゃくりあげるような途切れ途切れの呼吸がみられる場合は、心停止の直後にみられる死戦期呼吸と判断し、胸骨圧迫を開始する。
（4）胸骨圧迫を行うときは、傷病者を柔らかいふとんの上に寝かせて行う。
（5）胸骨圧迫は、胸が約５cm沈む強さで胸骨の下半分を圧迫し、１分間に100～120回のテンポで行う。

問5 学習チェック ☑☑☑

再圧及び再圧室に関し、正しいものは次のうちどれか。[R5. 4]

（1）再圧室は、減圧症を発症した場合に使用するもので、空気塞栓症を発症した場合には使用してはならない。
（2）減圧症を発症し、再圧室まで搬送しなければならない場合には、仰向けにし、血流内の気泡が脳に達することを避けるため、頭を低くした状態で搬送する。
（3）潜水者が水中で心肺停止となり急浮上させたため再圧が必要な場合は、直ちに再圧室で再圧しながら、AED（自動体外式除細動器）を使用する。
（4）再圧室で加圧を行うときは、純酸素を使用しなければならない。
（5）再圧中には、酸素中毒を発症するおそれがある。

解答／解説【高気圧障害編】

1　人体の肺換気機能（テキスト⇒144P・問題⇒170P）

解説1　解答（5）

（5）空気塞栓症は、急浮上などによる肺の**過膨張**が原因となって発症する。空気塞栓症⇒155P参照。

解説2　解答（4）

（4）肺気腫は、肺胞の組織が破壊され、**肺の機能が低下する**病気である。

解説3　解答（5）

（5）身体活動時には、血液中の**二酸化炭素**分圧の上昇により呼吸中枢が刺激され、１回換気量及び呼吸数が増加する。

解説4　解答（4）

（4）死腔が**大きい**ほど、酸素不足、二酸化炭素蓄積が起こりやすい。

解説5　解答（1）

（1）肺は、フイゴのように膨らんだり縮んだりして空気を出し入れしているが、肺自体には**運動能力はなく**、**呼吸筋**によって胸郭内容積を周期的に増減させている。

2　人体の循環器系（テキスト⇒147P・問題⇒172P）

解説1　解答（3）

（3）心臓は左右の心室及び心房、すなわち四つの部屋に分かれており、血液は**左心室**から大動脈を通って体全体に送り出される。

解説2　解答（3）

（3）**肺動脈**を流れる血液は、酸素が**少なく**、炭酸ガスが**多い静脈血**である。大動脈及び**肺静脈**を流れる血液は、酸素に富む動脈血である。

解説3　解答（1）

（1）心臓は、血液を全身に供給するためのポンプの役割を果たしており、安静時は、**毎分約5L**の血液を送り出す。

解説4　解答（4）

Aは**肺動脈**、Bは**大動脈**。Bの**大動脈**を流れる血液は、Aの**肺動脈**を流れる血液よりも酸素を多く含んでいる。

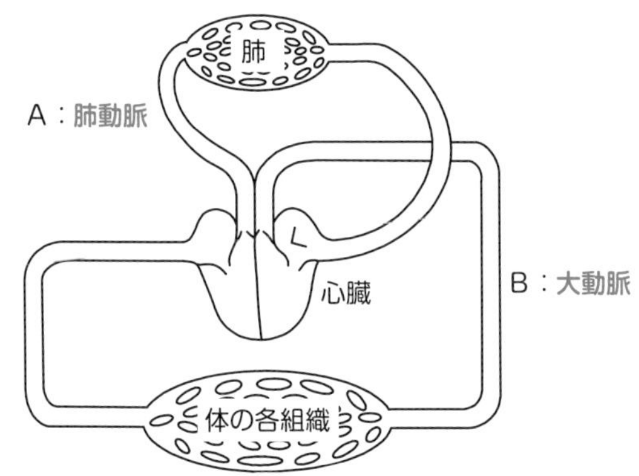

解説5　解答（3）

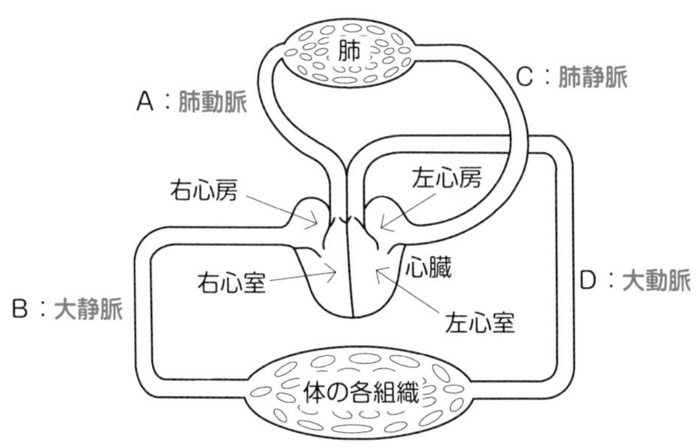

3　人体の神経系（テキスト⇒149P・問題⇒174P）

解説 1　解答（5）

（5）体性神経は、運動神経と**感覚神経**から成り、運動と感覚の作用を調節している。

解説 2　解答（4）

（4）交感神経は主として**昼**になると働きが活発になり、副交感神経は**夜**になると働きが活発になる。

解説 3　解答（2）

（2）体性神経は、**運動神経**と**感覚神経**から成り、運動と感覚の作用を調節している。

解説 4　解答（5）

神経系は中枢神経系と末梢（しょう）神経系に大別され、末梢神経系のうち（A：**体性**）神経系は（B：**感覚**）神経と（C：**運動**）神経から成る。ヒトの体が刺激を受けて反応するときは、下の図のような経路で信号が伝えられる。

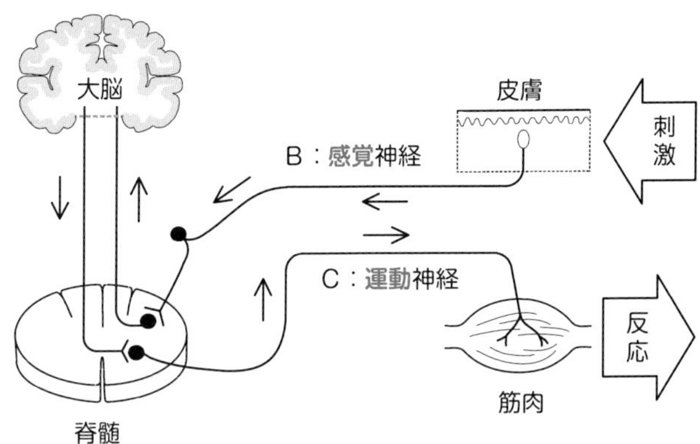

4　人体に及ぼす水温の作用及び体温 (テキスト⇒152P・問題⇒176P)

解説1　解答（4）

（4）体温が低下しはじめると、筋肉の**緊張の増強**、酸素摂取量の**増加**などの症状が現れる。

解説2　解答（1）

（2）水の熱伝導率は空気の**約25倍**あるので、水中では、体温が奪われやすい。

（3）体温が低下しはじめると、筋肉の**緊張の増強**、酸素摂取量の**増加**などの症状が現れる。

（4）低体温症は、全身が冷やされて体の中心部の温度が低下し、**35℃**程度以下になることにより発症し、意識消失、筋の硬直などの症状がみられる。

（5）低体温症の者にアルコールを摂取させると、皮膚の血管が拡張し、体表面からの**熱損失を増加させる**ため、摂取は**有効でない**。

解説3　解答（2）

（2）水の熱伝導率は空気の**約25倍**あるので、水中では、体温が奪われやすい。

解説4　解答（2）

（2）体温が低下しはじめると、筋肉の**緊張の増強**、酸素摂取量の**増加**などの症状が現れる。

5　気圧変化による健康障害 (テキスト⇒154P・問題⇒178P)

解説1　解答（3）

（3）潜降時の圧外傷は、潜降による圧力変化のために体腔内の空気の体積が**減少する**ことにより生じ、中耳腔、副鼻腔、面マスクの内部や潜水服と皮膚の間などで生じる。

解説2　解答（4）

（1）潜降時のものを**スクィーズ**、浮上時のものを**ブロック**と呼ぶ。

（2）潜降時の圧外傷は、潜降による圧力変化のために体腔内の空気の体積が**減ることにより生じる。**

（3）浮上時の圧外傷は、浮上による圧力変化のために体腔内の空気の体積が**増えることにより生じる。**

（5）潜水の場合は、深さに**関係がなく**圧外傷が**生じる**。

解説3 解答（4）

（4）浮上時の圧外傷は、浮上による圧力変化のために体腔内の空気の体積が**増加する**ことにより生じ、副鼻腔、肺などで生じる。

解説4 解答（3）

圧外傷とは、圧力の変化によって、体の様々な部位に存在する気体が圧縮されたり膨張したりすることで起こる、組織の障害をいう。

A：該当しない。減圧症は、高圧の環境下で血液や組織中に溶けていた窒素が、減圧時に気泡化し、**血液循環を障害**したり**組織を圧迫**したりするもの。

B：**該当する**。スクィーズは、潜行時に起こる圧外傷である。

C：該当しない。骨壊死は、**骨組織が破壊**されることをいう。

D：**該当する**。空気塞栓症は、肺の圧外傷後、肺胞内の空気が肺胞を傷つけ、肺の毛細血管に侵入し、空気が気泡状態になって、動脈を経由し脳動脈などを閉塞する。

E：該当しない。チョークスは血液に発生した気泡が肺毛細血管を塞栓する、**重篤な減圧症**のことをいう。

解説5 解答（1）

「潜水器を使用した潜水における（A：**浮上**）時の肺の圧外傷は、（B：**気胸**）と（C：**空気塞栓症**）を引き起こすことがある。（B：**気胸**）は、胸膜腔に空気が侵入し胸部が拡がっても肺が膨らまなくなる状態をいい、（C：**空気塞栓症**）は、肺胞の毛細血管に侵入した空気が心臓を介して移動し、動脈系の末梢血管を閉塞することにより起こる。」

解説6 解答（4）

（4）耳抜きは耳管を開き、口腔の空気を中耳腔に送り込んで鼓膜内外圧力調整を行う。副鼻腔と耳抜きは**関係がない**。

解説7 解答（1）

（1）潜降の途中で耳が痛くなるのは、**外耳道**と中耳腔との間に圧力差が生じるためである。

解説8 解答（3）

（3）空気塞栓症は、**心臓**においてはほとんど認められず、ほぼ全てが**脳**において発症する。

解説9 解答（2）

（2）スクーバ式潜水では、ボンベ内の呼吸ガスの消費量を少なくする目的で呼吸回数を故意に減らしたときなどに**二酸化炭素中毒が生じる**。

解説10 解答（1）

（1）酸素中毒は、酸素分圧の高いガスの吸入によって生じる症状で、呼吸ガス中に二酸化炭素が多いときには**起こりやすい**。

解説11 解答（5）

（1）設問の内容は、**一酸化炭素中毒**。二酸化炭素中毒は、二酸化炭素が過剰になって正常な生体機能を維持できなくなった状態をいう。

（2）スクーバ式潜水では、ボンベ内の呼吸ガスの消費量を少なくする目的で呼吸回数を故意に減らしたときなどに**二酸化炭素中毒が生じる**。

（3）酸素中毒は、酸素分圧の高いガスの吸入によって生じる症状で、呼吸ガス中に二酸化炭素が多いときには**起こりやすい**。

（4）**肺酸素中毒**は、50kPa程度の酸素分圧の呼吸ガスを長時間呼吸したときに生じ、**脳酸素中毒**は、140～160kPa程度の酸素分圧の呼吸ガスを短時間呼吸したときに生じる。

解説12 解答（2）

（2）設問の内容は、**一酸化炭素中毒**。二酸化炭素中毒は、二酸化炭素が過剰になって正常な生体機能を維持できなくなった状態をいう。

解説13 解答（5）

（1）設問の内容は、**一酸化炭素中毒**。二酸化炭素中毒は、二酸化炭素が過剰になって正常な生体機能を維持できなくなった状態をいう。

（2）スクーバ式潜水では、ボンベ内の呼吸ガスの消費量を少なくする目的で呼吸回数を故意に減らしたときなどに**二酸化炭素中毒が生じる**。

（3）酸素中毒は、酸素分圧の高いガスの吸入によって生じる症状で、呼吸ガス中に二酸化炭素が多いときには**起こりやすい**。

（4）**肺酸素中毒**は、50kPa程度の酸素分圧の呼吸ガスを長時間呼吸したときに生じ、**脳酸素中毒**は、140～160kPa程度の酸素分圧の呼吸ガスを短時間呼吸したときに生じる。

解説14 解答（2）

（2）潜水深度が深くなると、呼気中の**窒素分圧**が**高く**なり、アルコールを**飲酒したような状態**の窒素酔いが起きる。

解説15 解答（5）

（1）減圧症は、通常、浮上後**24時間以内**に発症するが、長時間の潜水や飽和潜水では**24時間以上経過した後**でも発症することがある。

（2）規定の浮上速度や浮上停止時間を順守した場合でも減圧症に**かかることもある**。

（3）皮膚の痒みや皮膚に大理石斑（はん）ができる症状はより重い症状に**進む可能性がある**。

（4）血流量の増える重筋作業の潜水は、減圧症に**罹患しやすい**。

解説16 解答（1）

（1）減圧症は、通常、浮上後**24時間以内**に発症するが、長時間の潜水や飽和潜水では**24時間以上経過した後**でも発症することがある。

解説17 解答（4）

（4）規定の浮上速度や浮上停止時間を順守した場合でも減圧症に**かかることがある**。

解説18 解答（1）

（1）減圧症の発症は、通常、浮上後**24時間以内**であるが、長時間の潜水や飽和潜水では**24時間以上経過した後**に発症することがある。

解説19 解答（5）

（5）身体組織に溶け込んでいる窒素の排出が不十分な場合は、**血管外の組織**及び**血管中で気泡を作り閉塞を起こす**。

6　潜水作業者の健康管理（テキスト⇒163P・問題⇒186P）

解説１ 解答（4）

（4）１UPTDは、100kPa（約１気圧）の酸素分圧に**１分間**ばく露されたときの毒性量である。

解説２ 解答（1）

（2）潜水作業者に対する健康診断において行われる関節部のエックス線直接撮影による検査は、**骨壊死**のチェックのためで、通常、股関節、肩関節、膝関節など侵されやすい部位が対象となる。

（3）前日の飲酒により体内にアルコールが残った状態で潜水すると、減圧症や低体温症、窒素酔いの発症リスクが**高くなる**。

（4）空気塞栓症のリスクを評価する指標としてUPTD（肺酸素毒性量単位）は、１日のばく露量（600UPTD）だけでなく、**１週間のばく露量**（2500CPTD）も一定の値以下となるように管理しなければならない。

（5）再圧治療は、減圧症や空気塞栓症を発症したときに**行うものである**。

解説３ 解答（2）

（2）白内障である者は、潜水業務に就業することを禁止する**必要はない**。

解説４ 解答（2）

（2）白内障は、医師が必要と認める期間、潜水業務への就業が禁止される疾病に**該当しない**。

7　潜水業務に必要な救急処置 （テキスト⇒165P・問題⇒188P）

解説1　解答（3）

（3）呼吸を確認して普段どおりの息（正常な呼吸）がない場合や**約10秒間観察**しても判断できない場合は、心肺停止とみなし、心肺蘇(そ)生を開始する。

解説2　解答（1）

（2）胸骨圧迫を行うときは、傷病者を平らな**堅い板**などの**床面**を背中にして行う。

（3）胸骨圧迫は、救助者が2人以上であれば、胸骨圧迫を実施している人が疲れを感じない場合でも、**約2分（5サイクル）**を目安に交代するとよい。

（4）胸骨圧迫は、胸が約5cm沈む強さで胸骨の**下半分**を圧迫し、1分間に**100～120回**のテンポで行う。

（5）AEDを使用する際に、濡れた状態だと電気ショックの電気が体の表面の**水を伝わって流れてしまう**ため、十分な効果が得られない。そのため、タオルや布などで濡れている箇所を**拭き取ってから**使用する。

解説3　解答（2）

（1）気道を確保するためには、仰向けにした傷病者のそばにしゃがみ、**下あご**を**引き上げる**ようにして**頭部を後方**に軽く反らせ、気道を確保する。

（3）胸骨圧迫を行うときは、傷病者を平らな**堅い板**などの**床面**を背中にして行う。

（4）胸骨圧迫は、胸が約5cm沈む強さで胸骨の下半分を圧迫し、1分間に**100～120回**のテンポで行う。

（5）AED（自動体外式除細動器）を用いて救命処置を行う場合、電気ショックの後も、AEDのメッセージに従い、すぐに胸骨圧迫を開始して**心肺蘇生を続ける**。

解説4　解答（4）

（4）胸骨圧迫を行うときは、傷病者を平らな**堅い板**などの**床面**を背中にして行う。

解説5　解答（5）

（1）再圧室は、減圧症及び**空気塞栓症**を発症した場合に使用するものである。

（2）減圧症を発症した者を仰向けにし、搬送するときは、脳圧が上がるため**頭を下げる体位にしてはならない**。

（3）潜水者が水中で心肺停止となり急浮上させたため再圧が必要な場合であっても、直ちに**心肺蘇生**を実施して、AEDによる**除細動を最優先**に行う。

（4）高圧則第44条（⇒230P）より、加圧を行うときは、純酸素を**使用しない**。

覚えておこう 【高気圧障害編】

肺換気機能

肺自体には【運動能力】（膨らむ力）はなく、主として肋間筋、横隔膜などの【呼吸筋】によって胸郭内容積を周期的に【増減】し、それに伴って肺を【伸縮】させることにより行われる
潜水中では呼吸ガスの密度が【高く】なり呼吸抵抗が【増す】ので、呼吸運動によって気道内を移動できる呼吸ガスの量は深度が【増す】に従って【減少】する
肺呼吸は、肺内に吸い込んだ空気中の【酸素】を血液中に取り入れ、血液中の【二酸化炭素】を排出する【ガス交換】をいう
ガス交換は、【肺胞】及び【呼吸細気管支】で行われる
ガス交換に関与しない空間を【死腔】という
死腔が大きいほど、【酸素】不足、【二酸化炭素】蓄積が起こりやすい
潜水呼吸器を装着すると死腔は【増加】する
肺胞内の空気と肺胞を取り巻く毛細血管中の血液との間で行われるガス交換を【外呼吸】という
胸郭内容積が増し、内圧が低くなるにつれ、鼻腔、気管などの気道を経て肺内へ流れ込む空気を【吸気】という
内圧が高くなると肺は収縮して、肺内の空気は体外に排出されるものを【呼気】という
通常の呼吸の場合の呼気には、酸素が約【16】%、二酸化炭素が約【４】%（通常の空気中では0.04%程度）含まれる
身体活動時には、血液中の二酸化炭素分圧の【上昇】により呼吸中枢が刺激され、１回換気量及び呼吸数が【増加】します
肺の表面と胸郭内側の面は、【胸膜】で覆われており、両者間の空間を【胸膜腔】という
胸膜腔は、通常、密閉状態になっているが、胸膜腔に気体が侵入し、【気胸】を生じると、胸郭が【広がって】も肺が【膨らまない】

循環器系

大動脈及び肺静脈を流れる血液は、酸素に富む【動脈血】である
大静脈及び肺動脈を流れる血液は、酸素が少なく炭酸ガスが多い【静脈血】である
大動脈の根元から出た【冠動脈】は心臓の表面を取り巻き、心筋に【酸素】と【栄養】を供給する
心臓は左右の【心室】及び【心房】、すなわち四つの部屋に分かれている
血液は【左心室】から体全体に送り出され、血液を全身に供給するためのポンプの役割を果たしており、安静時、毎分約【5】Lの血液を送り出す
末梢神経から【二酸化炭素】や【老廃物】を受け取った血液は、毛細血管から【静脈】、【大静脈】を通って心臓の【右心房】に戻る
心臓の右心房に戻った【静脈血】は、右心室から【肺動脈】を通って肺に送られ、そこで【ガス交換】が行われる
心臓の拍動による動脈圧の変動を末梢の動脈で触知したものを【脈拍】といい、一般に、手首の【橈骨動脈】で触知する
心臓の左右の心房の間が【卵円孔開存】で通じていると、【減圧障害】を引き起こすおそれがある
最大血圧は、心室が【収縮したとき】の血管内圧力
最小血圧は心室が【拡張したとき】の圧力
最大血圧と最小血圧の差を【脈圧】という

神経系

神経系は、身体を環境に順応させたり動かしたりするために、身体の各部の【動き】や【連携の統制】をつかさどる
神経系は、【中枢神経系】と【末梢神経系】とに大別される
中枢神経系は、【脳】と【脊髄】から成り、脳は特に【多く】のエネルギーを消費する
脳への【酸素供給】が数分間途絶えると【修復困難な損傷】を受ける
大脳皮質は、中枢として働きを行う部分で、【運動】、【感覚】、【記憶】、【視覚】などの作用を支配する
延髄には、生命の維持に重要な【呼吸中枢】がある
小脳は、【随意運動】、【平衡機能】などの調整に関与している
小脳が侵されると【運動失調】が生じる

末梢神経系は、【体性神経】及び【自律神経】から成る
脳神経は、脳から直接出る【12対】の【末梢神経】になる
体性神経は、感覚器官からの情報を中枢に伝える【知覚神経】(【感覚神経】)と中枢からの命令を運動器官に伝える【運動神経】から成る
自律神経は、【交感神経】及び【副交感神経】から成る
交感神経は主として【昼】になると働きが活発になり、副交感神経は【夜】になると働きが活発になる
人体の機能は、交感神経と副交感神経の二重支配による【調節】と【平衡】の上に成り立っている

人体に及ぼす水温の作用及び体温

水は空気に比べて熱伝導率(熱伝導度)は【25】倍以上、比熱は【1,000】倍以上大きい
【水中】では【地上】より体温が奪われやすい
【ドライスーツ】は、ウエットスーツに比べ【保温力】があるため、低水温環境でも【長時間】の潜水を行うことができる
体温は、代謝によって生じる【産熱】と、人体と外部環境の温度差に基づく【放熱】のバランスによって一定に保たれる
体温が低下しはじめると、【筋肉の緊張】の増加、【酸素摂取量】の増加などの症状が現れる
水中で体温が低下すると、【震え】、【意識の混濁】や【消失】などを起こし、死に至ることもある
【低体温症】は、全身が冷やされて体の中心部の温度が低下し、【35】℃程度以下になることにより発症する
低体温症には、【意識消失】、【筋の硬直】などの症状がみられる
低体温症に陥った者への処置として、濡れた衣服は脱がせて【乾いた毛布】や【衣服で覆う】方法がある
低体温症に陥った者へアルコールを摂取させると、皮膚の血管が拡張し体表面からの【熱損失】を増加させる

圧外傷

水圧が身体に【不均等】に作用することによって生じる
小さな【圧力差】でも罹患するため、【深さ】に関係なく潜水の場合は圧外傷を生じる
潜降時の圧外傷を【スクィーズ】、浮上時の圧外傷を【ブロック】と呼ぶ
潜降時の圧外傷は、潜降による圧力変化のために体腔内の空気の体積が【減少】することにより生じ、【中耳腔】、【副鼻腔】、面マスクの【内部】や【潜水服】と【皮膚】の間などで生じる
浮上時の圧外傷は、浮上による圧力変化のために体腔内の空気の体積が【増加】することにより生じ、【副鼻腔】、【肺】などで生じる
息を止めたまま浮上すると、肺内の空気の膨張により【肺圧外傷】を起こすため、防ぐには【息を吐き】ながら浮上することが必要になる
虫歯の処置後に再び虫歯になって内部に密閉された【空洞】ができている場合には、その部分で圧外傷が生じることがある

副鼻腔や耳の障害

副鼻腔の障害は、鼻の炎症などによって、前頭洞、上顎洞などの【副鼻腔】と【鼻腔】を結ぶ管が塞がった状態で潜水したときに起こる
副鼻腔の障害による症状には、【額】の周りや【目】・【鼻の根部】の痛み、【鼻出血】などがある
耳の障害の症状として、【鼓膜】の痛みや【閉塞感】のほか、【難聴】を起こすこともある
水中で鼓膜が破裂すると【めまい】を生じることがある
中耳腔は、耳管によって咽頭と通じているが、この管は通常は【閉じて】いる
潜降の途中で耳が痛くなるのは、【外耳道】と【中耳腔】との間に【圧力差】が生じるためである
耳管は、中耳の鼓室から咽頭に通じる管で、通常は【閉じて】いるが、唾を飲み込むような場合に【開いて】鼓膜内外の圧調整を行う
耳の障害を防ぐため、【耳抜き】を行って【耳管】を【開き】、鼓膜内外の圧調整を行う
耳抜きは強く行うほど【内耳】に【損傷】が生じるため、動作は【適度】に行う
風邪をひいたときは、炎症のため咽喉や鼻の粘膜が腫れ、【耳抜き】がしにくくなる

空気塞栓症

急浮上などによる肺の【過膨張】が原因となって発症する
肺胞の毛細血管に侵入した空気が心臓を介して移動し、動脈系の末梢血管を【閉塞】することにより起こり、心臓においてはほとんど認められず、ほぼ全てが【脳】において発症する
潜水器を使用した潜水における【浮上】時の肺の圧外傷は、【気胸】と【空気塞栓症】を引き起こすことがある
一般的には、浮上してすぐに【意識障害】、【痙攣発作】などの重篤な症状を示す
予防するには、浮上速度を守り、常に【呼吸】を続けながら浮上する

潜水業務における中毒

酸素中毒	酸素分圧の【高い】ガスの【吸入】によって生じる症状である	
	呼吸ガス中に【二酸化炭素】が【多い】ときは起こりやすくなる	
	中枢神経が冒される【脳酸素中毒】と肺が冒される【肺酸素中毒】に大きく分けられる	
	脳酸素中毒	【140～160】kPa程度の酸素分圧の呼吸ガスを【短時間】呼吸したときに生じる 症状には、【吐き気】、【めまい】、【痙攣発作】などがあり、特に【痙攣発作】が潜水作業中に起こると、多くの場合【致命傷】になる
	肺酸素中毒	【50】kPa程度の酸素分圧の呼吸ガスを【長時間】呼吸したときに生じる 致命傷になることは通常考えられないが、肺機能の【低下】をもたらし、肺活量が【減少】することがある
	大深度潜水では、酸素中毒を防止するため、潜水深度に応じて酸素濃度を【低く】した【混合ガス】を用いる	
一酸化炭素中毒	一酸化炭素が血液中の赤血球に含まれる【ヘモグロビン】と強く結合し、酸素の運搬ができなくなるために起こる	
	潜水においては、空気圧縮機の送気やボンベ内の充塡空気にエンジンの【排気ガス】が混入した場合、一酸化炭素中毒を起こすことがある	
	症状には、【頭痛】、【めまい】、【吐き気】、【嘔吐】などや重い場合には【意識障害】、【昏睡状態】などがある	

二酸化炭素中毒		二酸化炭素が【過剰】になって正常な生体機能を維持できなくなった状態をいう
		空気の送気量の不足によって肺でのガス交換が【不十分】となり、体内に二酸化炭素が【蓄積】して起きることがある
		症状には、【頭痛】、【めまい】、【体のほてり】、【意識障害】などがある
		二酸化炭素中毒になると、【酸素中毒】、【窒素酔い】及び【減圧症】に罹患しやすくなる
	ヘルメット式潜水	ヘルメット内に吐き出した呼気により二酸化炭素濃度が【高く】なって中毒を起こすことがあるため、二酸化炭素中毒を予防するには、十分な【送気】を行う
	スクーバ式潜水	呼気は水中に排出するが、ボンベ内の呼吸ガスの消費量を【少なく】する目的で【呼吸回数】を故意に【減らした】ときなどに二酸化炭素中毒を生じる
	全面マスク式潜水	口鼻マスクの装着が【不完全】な場合、漏れ出た呼気ガスを【再呼吸】し、二酸化炭素中毒にかかることがある
窒素酔い		潜水深度が深くなると、呼気中の【窒素分圧】が【高く】なり、アルコールを【飲酒】したような状態の窒素酔いが起きる
		【飲酒】、【疲労】、大きな【作業量】、【不安】などは、窒素酔いを起こしやすくなる
		個人差があるが、窒素酔いにかかると、気分が【愉快】になり、総じて【楽観的】あるいは【自信過剰】になるなど、これが誘因となって正しい【判断】ができず、重大な結果を招くことがある
		深い潜水における窒素酔いの予防のためには、呼吸ガスとして、空気の代わりに【ヘリウム】と【酸素】の混合ガスなどを使用する

減圧症

通常、浮上後【24】時間以内に発症するが、長時間の潜水や飽和潜水では【24】時間以上経過した後でも発症することがある
【皮膚の痒み】、【関節の痛み】などを呈する比較的軽症な減圧症と、【脳】・【脊椎】や【肺】が冒される重症な減圧症とに大別される
【皮膚の痒み】や【皮膚に大理石斑】ができる症状はより【重い症状】に進む可能性がある
【ベンズ】とは、関節・筋肉痛などの【筋肉関節型減圧症】をいう
減圧症の重症度と【ベンズ】は関係はない
【チョークス】は、血液中に発生した気泡が肺毛細血管を塞栓する【重篤な肺減圧症】をいう
潜水後に【航空機】に搭乗して、【高所】への移動などによって【低圧にばく露】されたときに発症することがある
【高齢者】、【最近外傷】を受けた人、【脱水症状】の人や作業量が【多く】、血流量の【増える】重筋作業の潜水などが罹患しやすくなる
規定の浮上速度や浮上停止時間を【順守した】場合でも減圧症にかかることもある
潜水すると、水深に応じ呼吸する空気中の窒素分圧が【上昇】し、肺における窒素の血液への溶解量が【増える】
血液に溶解した【窒素】は、血液循環により体内のさまざまな【組織】に送られ、そこに溶け込んでいく
体内へ溶け込む窒素の量は、潜水深度が【深く】なるほど、また潜水時間が【長く】なるほど【大きく】なる
浮上に伴って呼吸する空気の窒素分圧が【低下】すると、組織に溶け込んでいる窒素は、溶け込みとは逆の経路で、体内外の窒素分圧が【等しくなる】まで体外へ排出される
身体組織に溶け込んでいる窒素の排出が不十分な場合は、血管外の組織及び血管中で気泡を作り【閉塞】を起こす

潜水作業者の健康管理

潜水作業者に対する健康診断では、四肢の【運動機能検査】、【鼓膜】・【聴力】の検査、【肺活量】の測定などのほか、必要な場合は、【作業条件調査】や【心電図検査】などを行う

潜水作業者に対する健康診断において行われる関節部のエックス線直接撮影による検査は、【骨壊死】（骨組織が破壊されること）のチェックのためで、通常、【股関節】、【肩関節】、【膝関節】など侵されやすい部位が対象となる
前日の飲酒により体内にアルコールが残った状態で潜水すると、【減圧症】、【低体温症】や【窒素酔い】の発症リスクが高くなる
空気塞栓症のリスクを評価する指標としてUPTD（肺酸素毒性量単位）があり、【1日】のばく露量（【600】UPTD）だけでなく、【1週間】のばく露量（【2500】CPTD）も一定の値以下となるように管理しなければならない

潜水業務への就業が禁止される疾病

【減圧症】その他高気圧による障害又はその後遺症
肺結核その他呼吸器の結核又は急性上気道感染、じん肺、【肺気腫】その他呼吸器系の疾病
【貧血症】、【心臓弁膜症】、冠状動脈硬化症、【高血圧症】その他血液又は循環器系の疾病
精神神経症、【アルコール中毒】、【神経痛】その他精神神経系の疾病
【メニエル病】又は【中耳炎】その他耳管狭さくを伴う耳の疾病
【関節炎】、【リウマチ】その他運動器の疾病
【ぜんそく】、【肥満症】、【バセドー病】その他アレルギー性、内分泌系、物質代謝又は栄養の疾病

一次救命処置

一次救命処置は、できる限り【単独】で行うことを避ける。
傷病者の反応の有無を確認し、反応がない場合には、大声で叫んで周囲の【注意】を【喚起】し、協力を求める
反応はないが普段どおりの呼吸をしている傷病者は、【回復体位】をとらせて安静にして、経過を観察する
嘔吐や吐血などがみられる場合は、【回復体位】をとらせ、経過を観察する
心肺停止とみなし、【心肺蘇生】を開始する条件は ・呼吸を確認して【普段どおりの息】（【正常な呼吸】）がない場合 ・約【10秒間】観察しても判断できない場合やよく【分からない】場合 ・胸と腹部の動きを観察し、胸と腹部が【上下】に動いていない場合 ・しゃくりあげるような【途切れ途切れ】の呼吸がみられる場合（心停止が起こった直後に見られる呼吸で【死戦期呼吸】という）

気道を確保するためには、仰向けにした傷病者のそばにしゃがみ、下あごを【引き上げる】ようにして頭部を【後方】に軽く反らせる
気道の確保は、【頭部後屈あご先挙上法】によって行う
気道が確保されていない状態で人工呼吸を行うと吹き込んだ息が胃に流入し、胃が膨張して内容物が口の方に逆流して【気道閉塞】を招くことがあるので注意する
胸骨圧迫は、胸が約【５】cm 沈む強さで【胸骨】の【下半分】を圧迫し、１分間に【100】～【120】回のテンポで行う
胸骨圧迫を行うときには、傷病者を平らな【堅い板】などの床面を背中にして行う
胸骨圧迫と人工呼吸を行う場合は、胸骨圧迫【30】回に人工呼吸【２】回を繰り返す
救助者が２人以上であれば、胸骨圧迫を実施している人が疲れを感じない場合でも、約【２】分（【５】サイクル）を目安に交代で行う
AED（自動体外式除細動器）を用いて救命処置を行う場合には、電気ショックの後、AEDの【メッセージ】に従い、すぐに胸骨圧迫を開始して【心肺蘇生】を続ける
電気ショック【不要】の音声メッセージが流れた場合には、その後に続くメッセージに従って、胸骨圧迫を再開し【心肺蘇生】を続ける
AEDを使用する際に、濡れた状態だと電気ショックの電気が体の表面の水を伝わって【流れてしまい】、十分な効果が【得られない】ため、タオルや布などで濡れている箇所を【拭き取って】から行う
再圧治療は、【減圧症】や【空気塞栓症】を発症したときに行うものであり、減圧症の再圧治療が終了した後しばらくは、体内にまだ余分な【窒素】が残っているので、そのまま再び潜水すると減圧症を【再発】するおそれがある

第4章
関係法令

1　潜水業務の設備
2　特別の教育
3　潜水作業業務の管理
4　潜水業務に係る潜降、浮上等
5　設備等の点検及び修理
6　連絡員/潜水業務における携行物等
7　健康診断
8　再圧室
9　免許証
10　譲渡等の制限等

1　潜水業務の設備

学習チェック ☑☑☑

空気槽［高圧則第８条］

1．事業者は、潜水業務従事者（潜水作業者及び潜水業務請負人等※（労働者を除く。）をいう。）に、空気圧縮機により送気するときは、当該空気圧縮機による送気を受ける**潜水業務従事者ごと**に、送気を調節するための**空気槽**及び**予備空気槽**を設けなければならない。

※潜水業務請負人等とは、潜水業務の一部を請け負わせた場合における潜水業務に従事する者をいいます。

2．予備空気槽は、次に定めるところに適合するものでなければならない。

①予備空気槽内の空気の圧力は、常時、最高の潜水深度における圧力の**1.5倍**以上であること。
②予備空気槽の内容積は、**厚生労働大臣が定める方法**により計算した値以上であること。

▶高気圧作業安全衛生規則第８条第２項等の規定に基づく厚生労働大臣が定める方法等（告示）

第１条（予備空気槽の内容積の計算方法）

1．高圧則第８条第２項の**厚生労働大臣が定める方法**は、次の各号に掲げる場合に応じ、それぞれ当該各号に定める式により計算する方法とする。

①潜水作業者に**圧力調整器**を使用させる場合（全面マスク等）	$V=\dfrac{\mathbf{40}\,(0.03D+0.4)}{P}$
②前号に掲げる場合以外の場合（ヘルメット式）	$V=\dfrac{\mathbf{60}\,(0.03D+0.4)}{P}$

V：予備空気槽の内容積（単位L）
D：最高の**潜水深度**（単位m）
P：予備空気槽内の**空気の圧力**（単位MPa）

3．第１項の送気を調節するための空気槽が前項各号に定める**予備空気槽**の基準に**適合するもの**であるとき、又は当該基準に適合する**予備ボンベ**を潜水業務従事者に**携行させる**ときは、第１項の規定にかかわらず、**予備空気槽**を設けることを**要しない**。

➡ 空気清浄装置、圧力計及び流量計［高圧則第９条］

1．事業者は、潜水業務従事者に空気圧縮機により送気する場合には、送気する空気を清浄にするための装置のほか、潜水業務従事者が圧力調整器を使用するときは送気圧を計るための**圧力計**を、それ以外のときはその送気量を計るための**流量計**を設けなければならない。

ここまでの確認!! 一問一答

問１ 学習チェック ☑☑☑ 送気を調節するための空気槽は、潜水業務従事者ごとに設けなければならない。

問２ 学習チェック ☑☑☑ 予備空気槽内の空気の圧力は、常時、最高の潜水深度に相当する圧力以上でなければならない。

問３ 学習チェック ☑☑☑ 送気を調節するための空気槽が予備空気槽の内容積等の基準に適合するものであるときは、予備空気槽を設けることを要しない。

問４ 学習チェック ☑☑☑ 予備空気槽の内容積等の基準に適合する予備ボンベを潜水業務従事者に携行させるときは、予備空気槽を設けることを要しない。

問５ 学習チェック ☑☑☑ 潜水業務従事者が圧力調整器を使用するときは送気圧を計るための圧力計を、それ以外のときは送気量を計るための流量計を設けなければならない。

解答１ ○ 高圧則第８条（空気槽）第１項。

解答２ × 最高の潜水深度における圧力の**1.5倍以上**であること。高圧則第８条（空気槽）第２項第１号。

解答３ ○ 高圧則第８条（空気槽）第３項。

解答４ ○ 高圧則第８条（空気槽）第３項。

解答５ ○ 高圧則第９条（空気清浄装置、圧力計及び流量計）第１項。

Check! ここで計算問題をチェック

問1 学習チェック ☐☐☐

空気圧縮機によって送気を行い、潜水業務従事者が圧力調整器を使用し、最高深度が20mの潜水業務を行わせる場合に、最小限必要な予備空気槽の内容積V（L）に最も近いものは、法令上、次のうちどれか。ただし、イ又はロのうち適切な式を用いて算定すること。なお、Dは最高の潜水深度（m）であり、Pは予備空気槽内の空気圧力（MPa、ゲージ圧力）で0.7MPa（ゲージ圧力）とする。

イ　$V = \dfrac{40\,(0.03D + 0.4)}{P}$

ロ　$V = \dfrac{60\,(0.03D + 0.4)}{P}$

（1）50L
（2）58L
（3）67L
（4）75L
（5）86L

解答1（2）

潜水業務従事者が圧力調整器を使用する場合、告示より、イの計算式を用いて計算する。Dには最高潜水深度20m、Pには予備空気槽内の空気圧力0.7MPaを代入する。

$$V = \frac{40\,(0.03D + 0.4)}{P}$$

$$= \frac{40\,(0.03 \times 20\text{m} + 0.4)}{0.7\text{MPa}} = 57.14\cdots\text{L} \fallingdotseq \mathbf{58L}$$

問2 学習チェック ☑☑☑

ヘルメット式潜水による潜水業務従事者に空気圧縮機を用いて送気し、最高深度40ｍまで潜水させる場合に、最小限必要な予備空気槽の内容積Ｖ（Ｌ）は、法令上、次のうちどれか。ただし、イ又はロのうち適切な式を用いて算定すること。なお、Ｄは最高の潜水深度（ｍ）であり、Ｐは予備空気槽内の空気圧力で0.8MPa（ゲージ圧力）とする。

イ　$V = \frac{40(0.03D + 0.4)}{P}$

ロ　$V = \frac{60(0.03D + 0.4)}{P}$

（１）80Ｌ
（２）107Ｌ
（３）120Ｌ
（４）156Ｌ
（５）189Ｌ

解答2（3）

ヘルメット式潜水による潜水業務従事者に空気圧縮機を用いて送気する場合、告示より、ロの計算式を用いて計算する。Ｄには最高潜水深度40ｍ、Ｐには予備空気槽内の空気圧力0.8MPaを代入する。

$$V = \frac{60(0.03D + 0.4)}{P}$$

$$= \frac{60(0.03 \times 40\mathrm{m} + 0.4)}{0.8\mathrm{MPa}} = \mathbf{120L}$$

第４章 関係法令

2 特別の教育

学習チェック ☑☑☑

➔ 安全衛生教育［安衛法第59条］

1．事業者は、労働者を**雇い入れたとき**は、当該労働者に対し、原則として、その従事する業務に関する安全又は衛生のための教育を行なわなければならない。

2．労働者の作業内容を**変更したとき**は、当該労働者に対し、原則として、その従事する業務に関する安全又は衛生のための教育を行なわなければならない。

3．事業者は、**危険又は有害な業務**で、厚生労働省令で定めるものに労働者を**つかせるとき**は、原則として、その従事する業務に関する安全又は衛生のための教育を行なわなければならない。

➔ 特別の教育［高圧則第11条］

1．事業者は、次の業務に労働者を就かせるときは、当該労働者に対し、当該業務に関する特別の教育を行わなければならない。

①作業室及び気こう室へ送気するための空気圧縮機を運転する業務
②作業室への送気の調節を行うためのバルブ又はコックを操作する業務
③気こう室への送気又は気こう室からの排気の調節を行うためのバルブ又はコックを操作する業務
④**潜水作業者**への送気の調節を行うためのバルブ又はコックを**操作する**業務
⑤**再圧室**を操作する業務
⑥高圧室内業務

2．前項の特別の教育は、業務に応じて、教育すべき事項について行わなければならない。

業　務	教育すべき事項
作業室への送気の調節を行うためのバルブ又はコックを操作する業務	①圧気工法の知識に関すること。 ②送気及び排気に関すること。 ③**高気圧障害の知識**に関すること。 ④関係法令 ⑤送気の調節の実技
潜水作業者への送気の調節を行うためのバルブ又はコックを**操作**する業務	①**潜水業務に関する知識**に関すること。 ②**送気**に関すること。 ③**高気圧障害の知識**に関すること。 ④**関係法令** ⑤**送気の調節の実技**
再圧室を操作する業務	①**高気圧障害の知識**に関すること。 ②**救急再圧法**に関すること。 ③**救急そ生法**に関すること。 ④**関係法令** ⑤**再圧室の操作及び救急そ生法に関する実技**

3．労働安全衛生規則（安衛則）第37条及び第38条並びに前項に定めるもののほか、同項の特別の教育の実施について必要な事項は、厚生労働大臣が定める。

➡ 特別教育の科目の省略［安衛則第37条］

1．事業者は、特別教育の科目の全部又は一部について**十分な知識**及び**技能**を有していると認められる労働者については、当該科目についての特別教育を**省略することが**できる。

➡ 特別教育の記録の保存［安衛則第38条］

1．事業者は、特別教育を行なったときは、当該特別教育の受講者、科目等の記録を作成して、これを**3年間保存**しておかなければならない。

ここまでの確認!! 一問一答

問1 学習チェック ☐☐☐

労働者を雇い入れたときは、その労働者に対し、原則として、従事する業務に関する一定の事項について、安全又は衛生のための教育を行わなければならない。

問2 学習チェック ☐☐☐

特定の危険又は有害な業務に労働者をつかせるときは、原則として、従事する業務に関する安全又は衛生のための特別の教育を行わなければならない。

問3 学習チェック ☐☐☐

水深10m未満の場所における潜水業務に就かせるときは、特別の教育を行わなければならない。

問4 学習チェック ☐☐☐

空気圧縮機及び空気槽の点検の業務に就かせるときは、特別の教育を行わなければならない。

問5 学習チェック ☐☐☐

潜水業務を行うときには、「潜水作業者への送気の調節を行うためのバルブ又はコックを点検する業務」に従事する労働者に対して特別の教育を行わなければならない。

問6 学習チェック ☐☐☐

再圧室を操作する業務に就かせるときは、特別の教育を行わなければならない。

問7 学習チェック ☐☐☐

再圧室操作業務に従事する労働者に対して行う特別の教育の教育事項は、「高気圧障害の知識に関すること」、「救急再圧法に関すること」、「救急そ生法に関すること」、「関係法令」及び「再圧室の操作及び救急そ生法に関する実技」である。

問8 学習チェック ☐☐☐

送気調節業務に従事する労働者に対して行う特別教育の教育事項には、送気設備の構造に関すること及び空気圧縮機の運転に関する実技が含まれている。

問9 学習チェック ☐☐☐

特別教育の科目の全部又は一部について、十分な知識及び技能を有していると認められる労働者については、その科目についての教育を省略することができる。

問10 学習チェック ☐☐☐ 安全又は衛生のための特別の教育の科目の全部又は一部について十分な知識及び技能を有していると認められる労働者については、その科目についての安全又は衛生のための特別の教育を省略することができる。

問11 学習チェック ☐☐☐ 特別の教育を行ったときは、特別の教育の受講者、科目等の記録を作成して、これを３年間保存しておかなければならない。

解答 1　○　安衛法第59条（安全衛生教育）第１項。

解答 2　○　安衛法第59条（安全衛生教育）第３項。

解答 3　×　水深10m未満の場所における潜水業務についての特別の教育に関する**法令はない**。

解答 4　×　空気圧縮機及び空気槽の点検の業務に就かせるときの特別の教育に関する**法令はない**。

解答 5　×　潜水業務を行うときには、「潜水作業者への送気の調節を行うためのバルブ又はコックを**操作する業務**」に従事する労働者に対して特別の教育を行わなければならない。高圧則第11条（特別の教育）第１項第４号。

解答 6　○　高圧則第11条（特別の教育）第１項第５号。

解答 7　○　高圧則第11条（特別な教育）第２項。

解答 8　×　送気設備の構造に関すること及び空気圧縮機の運転に関する実技は、法令上、**定められていない**。

解答 9　○　安衛則第37条（特別教育の科目の省略）第１項。

解答10　○　安衛則第37条（特別教育の科目の省略）第１項。

解答11　○　安衛則第38条（特別教育の記録の保存）第１項。

3　潜水作業業務の管理

学習チェック ☑☑☑

➡ 作業計画［高圧則第12条の2］

※高圧則第27条（作業計画等の準用）の読み替えを準用

1．事業者は、潜水作業を行うときは、高気圧障害を防止するため、あらかじめ、潜水作業に関する**計画を定め**、かつ、当該作業計画により作業を行わなければならない。

2．作業計画は、次の事項が示されているものでなければならない。

①潜水作業者に送気し、又はボンベに充填する気体の成分組成
②潜降を開始させる時から浮上を開始させる時までの時間
③当該潜水業務における最高の水深の圧力
④潜降及び浮上の速度
⑤浮上を停止させる水深の圧力及び当該圧力下において浮上を停止させる時間

➡ ガス分圧の制限［高圧則第15条］

※高圧則第27条（作業計画等の準用）の読み替えを準用

1．事業者は、酸素、窒素又は炭酸ガスによる潜水作業者の健康障害を防止するため、当該潜水作業者が吸入する時点の次の各号に掲げる気体の分圧がそれぞれ当該各号に定める分圧の範囲に収まるように、潜水作業者への送気、ボンベからの給気その他の必要な措置を講じなければならない。

①酸素	**18kPa以上160kPa以下**（ただし、潜水業務従事者が溺水しないよう必要な措置を講じて浮上を行わせる場合にあっては、**18kPa以上220kPa以下**とする。）
②窒素	**400kPa以下**
③炭酸ガス	**0.5kPa以下**

※窒素の上限値が400kPaに制限されています。よって、呼吸ガスに空気を使用した場合、空気中の窒素濃度は78％とし、400kPa÷0.78≒500kPa＝0.5MPa（5気圧）となる。空気潜水での最大深度は**水深40m**（0.1MPa×40m＋1＝5気圧）までが限界となります。

➡ 作業の状況の記録等［高圧則第20条の２］

※高圧則第27条（作業計画等の準用）の読み替えを準用

1．事業者は、潜水業務を行う都度、第27条において読み替えて準用する第12条の２第２項各号に掲げる**事項を記録した書類**並びに当該**潜水作業者の氏名**及び**浮上の日時**を記載した書類を作成し、これらを**５年間保存**しなければならない。

ここまでの確認!! 一問一答

問１ 学習チェック ☑☑☑ 事業者は、酸素による高圧室内作業者の健康障害を防止するため、酸素の分圧は、18kPa未満の範囲に収まるよう必要な措置を講じる。ただし、潜水作業者が溺水しないよう必要な措置を講じて浮上を行わせる場合を除く。

問２ 学習チェック ☑☑☑ 事業者は、ヘリウムによる高圧室内作業者の健康障害を防止するため、ヘリウムの分圧は、300kPaを超えてはならない。

問３ 学習チェック ☑☑☑ 事業者は、潜水業務の作業計画を記録した書類を５年間保存しなければならない。

問４ 学習チェック ☑☑☑ 事業者は、潜水作業者の氏名及び浮上の日時を記載した書類を３年間保存しなければならない。

解答１ × 酸素の分圧は、**18kPa以上160kPa以下**の範囲に収まるよう必要な措置を講じる。高圧則第15条（ガス分圧の制限）第１項第１号。

解答２ × ヘリウムは窒素と同じく呼吸用不活性ガスとして用いられる気体であるが、特に中毒を生じないため、**分圧の制限は設けられていない**。

解答３ ○ 高圧則第12条の２（作業計画）第１項・高圧則第20条の２（作業の状況の記録等）第１項。

解答４ × 潜水作業者の氏名及び浮上の日時を記載した書類は、**５年間保存**する。高圧則第20条の２（作業の状況の記録等）第１項。

4　潜水業務に係る潜降、浮上等

学習チェック ☐☐☐

浮上の速度等［高圧則第18条］

※高圧則第27条（作業計画等の準用）の読み替えを準用

1．事業者は、潜水作業者に浮上を行わせるときは、次に定めるところによらなければならない。

①浮上の速度は、**毎分10m以下**とすること。

送気量及び送気圧［高圧則第28条］

2．事業者は、潜水業務従事者に圧力調整器を使用させる場合には、潜水業務従事者ごとに、その水深の圧力下において**毎分40L**以上の送気を行うことができる空気圧縮機を使用し、かつ、送気圧をその水深の圧力に**0.7MPa**を加えた値以上としなければならない。

ボンベからの給気を受けて行う潜水業務［高圧則第29条］

1．事業者は、潜水業務従事者に携行させたボンベ（非常用のものを除く。）からの給気を受けさせるときは、次の措置を講じなければならない。

①潜降直前に、潜水業務従事者に対し、当該潜水業務に使用するボンベの現に有する**給気能力を知らせる**こと。
②潜水業務従事者に異常がないかどうかを**監視するための者を置く**こと。

圧力調整器［高圧則第30条］

1．事業者は、潜水業務従事者に圧力**1MPa以上**の気体を充填したボンベからの給気を受けさせるときは、2段以上の減圧方式による圧力調整器を潜水業務従事者に使用させなければならない。

➡ 浮上の特例等［高圧則第32条］

3．緊急浮上後、当該潜水業務従事者を**再圧室**に入れて加圧する場合の加圧の速度については、第14条の規定を**準用**する。

▶高圧則第14条（加圧の速度）

1．事業者は、気こう室において高圧室内業務従事者（高圧室内作業者及び高圧室内業務請負人等※（労働者を除く。）をいう。）に加圧を行うときは、毎分**0.08MPa以下**の速度で行わなければならない。

※高圧室内業務請負人等とは、高圧室内作業の一部を請け負わせた場合における高圧室内作業に従事する者をいいます。

➡ さがり綱［高圧則第33条］

1．事業者は、潜水業務を行うときは、潜水業務従事者が潜降し、及び浮上するためのさがり綱を備え、これを潜水業務従事者に**使用させなければならない**。

2．事業者は、前項のさがり綱には、**3m**ごとに水深を表示する木札又は布等を取り付けておかなければならない。

第4章

関係法令

ここまでの確認!!　一問一答

問1 学習チェック ☐☐☐ 潜水作業者の潜降速度は、毎分10m以下としなければならない。

問2 学習チェック ☐☐☐ 潜水作業者の浮上速度は、事故のため緊急浮上させる場合を除き、毎分10m以下としなければならない。

問3 学習チェック ☐☐☐ 潜降直前に、潜水業務従事者に対し、当該潜水業務に使用するボンベの現に有する給気能力を知らせなければならない。

問4 学習チェック ☐☐☐ 潜水業務従事者に異常がないかどうかを監視するための者を置かなければならない。

問5 学習チェック ☐☐☐ 圧力0.5MPa（ゲージ圧力）以上の気体を充塡したボンベからの給気を受けさせるときは、2段以上の減圧方式による圧力調整器を潜水業務従事者に使用させなければならない。

問6 学習チェック ☑☑☑ 緊急浮上後、潜水業務従事者を再圧室に入れて加圧するときは、毎分0.08MPa以下の速度で行わなければならない。

問7 学習チェック ☑☑☑ 水深が10m未満の場所の潜水業務においても、潜水業務従事者にさがり綱（潜降索）を使用させなければならない。

問8 学習チェック ☑☑☑ さがり綱（潜降索）には、3mごとに水深を表示する木札又は布等を取り付けておかなければならない。

解答1 × 潜水作業者の潜降速度については**定められてない**。

解答2 ○ 高圧則第18条（浮上の速度等）第1項第1号。

解答3 ○ 高圧則第29条（ボンベからの給気を受けて行なう潜水業務）第1項第1号。

解答4 ○ 高圧則第29条（ボンベからの給気を受けて行なう潜水業務）第1項第2号。

解答5 × 圧力**1MPa**（ゲージ圧力）以上の気体を充填したボンベからの給気を受けさせるときは、2段以上の減圧方式による圧力調整器を潜水作業者に使用させなければならない。高圧則第30条(圧力調節器)第1項。

解答6 ○ 高圧則第32条（浮上の特例等）第3項･高圧則第14条（加圧の速度）第1項。

解答7 ○ 高圧則第33条（さがり綱）第1項。

解答8 ○ 高圧則第33条（さがり綱）第2項。

5　設備等の点検及び修理

学習チェック ☑☑☑

設備等の点検及び修理［高圧則第34条］

1．事業者は、潜水業務を行うときは、**潜水前**に、次の各号に掲げる潜水業務に応じて、それぞれ当該各号に**掲げる潜水器具を点検**し、潜水作業者に危険又は健康障害の生ずるおそれがあると認めたときは、修理その他必要な措置を講じなければならない。

潜水業務	潜水器具
①**空気圧縮機**又は手押ポンプにより送気して行う潜水業務（ヘルメット式潜水）	**潜水器、送気管、信号索、さがり綱**及び**圧力調整器**
②**ボンベ**（潜水作業者に携行させたボンベを除く。）からの給気を受けて行う潜水業務（全面マスク式潜水）	
③潜水作業者に**携行させたボンベ**からの給気を受けて行う潜水業務（スクーバ式潜水）	**潜水器**及び**圧力調整器**

2．事業者は、潜水業務を行うときは、次の各号に掲げる潜水業務に応じて、それぞれ当該各号に掲げる設備について、当該各号に**掲げる期間ごとに1回以上**点検し、潜水作業者に危険又は健康障害の生ずるおそれがあると認めたときは、修理その他必要な措置を講じなければならない。

①空気圧縮機又は手押ポンプにより送気して行う潜水業務	イ．空気圧縮機又は手押ポンプ……**1週**
	ロ．空気を清浄にするための装置…**1か月**
	ハ．水深計……**1か月**
	ニ．水中時計…**3か月**
	ホ．流量計……**6か月**
②ボンベからの給気を受けて行う潜水業務	イ．水深計……**1か月**
	ロ．水中時計…**3か月**
	ハ．ボンベ……**6か月**

第4章 関係法令

3．事業者は、前２項の規定により点検を行ない、又は修理その他必要な措置を講じたときは、そのつど、その概要を記録して、これを**３年間保存**しなければならない。

ここまでの確認!! 一問一答

問１ 学習チェック ☑☑☑ 空気圧縮機による送気式の潜水業務を行うとき、水中時計は、法令上、潜水前の点検が義務付けられている潜水器具である。

問２ 学習チェック ☑☑☑ 全面マスク式の潜水業務を行うとき、信号索は、法令上、潜水前の点検が義務付けられている潜水器具である。

問３ 学習チェック ☑☑☑ スクーバ式の潜水業務を行うとき、さがり綱及び圧力調整器は、潜水前の点検が義務付けられている潜水器具である。

問４ 学習チェック ☑☑☑ 空気圧縮機により送気して行う潜水業務においては、法令により、水深計は３か月ごとに１回以上点検しなければならないと定められている。

問５ 学習チェック ☑☑☑ ボンベからの給気を受けて行う潜水業務おいては、法令により、ボンベは６か月ごとに１回以上点検しなければならないと定められている。

解答１ × 水中時計は、潜水前の点検が義務付けられている**潜水器具ではない**。高圧則第34条（設備等の点検及び修理）第１項第１号。

解答２ ○ 高圧則第34条（設備等の点検及び修理）第１項第２号。

解答３ × さがり綱ではなく、**潜水器**及び**圧力調整器**が潜水前の点検が義務付けられている。高圧則第34条（設備等の点検及び修理）第１項第３号。

解答４ × 水深計は**１か月**に１回以上点検する。第34条（設備等の点検及び修理）第２項第１号ハ。

解答５ ○ 高圧則第34条（設備等の点検及び修理）第２項第２号ハ。

6　連絡員/潜水行における携行物等

学習チェック ☑☑☑

➲ 連絡員［高圧則第36条］

1．事業者は、空気圧縮機若しくは手押ポンプにより送気して行う潜水業務又はボンベ（潜水業務従事者に携行させたボンベを除く。）からの給気を受けて行う潜水業務を行うときは、潜水業務従事者と連絡員を、潜水業務従事者２人以下ごとに**１人置き**、次の事項を行わせなければならない。

①潜水業務従事者と**連絡**して、その者の**潜降**及び**浮上**を適正に行わせること。
②潜水業務従事者への送気の調節を行うためのバルブ又はコックを操作する**業務に従事する者と連絡**して、潜水業務従事者に必要な量の空気を送気させること。
③送気設備の故障その他の事故により、危険又は健康障害の生ずるおそれがあるときは、**速やかに潜水業務従事者に連絡**すること。
④ヘルメット式潜水器を用いて行う潜水業務にあっては、**潜降直前**に当該潜水業務従事者のヘルメットがかぶと台に結合されているかどうかを確認すること。

➲ 潜水業務における携行物等［高圧則第37条］

1．事業者は、空気圧縮機若しくは手押ポンプにより送気して行う潜水業務又はボンベ（潜水作業者に携行させたボンベを除く。）からの給気を受けて行う潜水業務を行うときは、潜水作業者に、**信号索**、**水中時計**、**水深計**及び**鋭利な刃物**を携行させなければならない。ただし、潜水作業者と連絡員とが**通話装置により通話すること**ができることとしたときは、潜水作業者に**信号索**、**水中時計**及び**水深計**を**携行させない**ことができる。

3．事業者は、潜水作業者に携行させたボンベからの給気を受けて行う潜水業務を行うときは、潜水作業者に、**水中時計**、**水深計**及び**鋭利な刃物**を携行させるほか、**救命胴衣**又は**浮力調整具**を着用させなければならない。

第4章 関係法令

ここまでの確認!! 一問一答

問1 学習チェック ☐☐☐ 連絡員については、潜水業務従事者2人以下ごとに1人配置する。

問2 学習チェック ☐☐☐ 連絡員は、潜水業務従事者と連絡して、その者の潜降及び浮上を適正に行わせる。

問3 学習チェック ☐☐☐ 連絡員は、潜水業務従事者への送気の調節を行うためのバルブ又はコックを操作する。

問4 学習チェック ☐☐☐ 連絡員は、送気設備の故障その他の事故により、危険又は健康障害の生ずるおそれがあるときには、速やかにバルブ又はコックを操作する業務に従事する者に連絡する。

問5 学習チェック ☐☐☐ 連絡員は、ヘルメット式潜水器を用いて行う潜水業務にあっては、潜降直後に潜水業務従事者のヘルメットがかぶと台に結合され、空気漏れがないことを水中の泡により確認する。

問6 学習チェック ☐☐☐ 事業者は、潜水作業者に携行させたボンベからの給気を受けて行う潜水業務を行うときは、潜水作業者に、水中時計、水深計及び鋭利な刃物を携行させるほか、救命胴衣又は浮力調整具を着用させなければならない。

解答1 ○ 高圧則第36条（連絡員）第１項。

解答2 ○ 高圧則第36条（連絡員）第１項第１号。

解答3 × 連絡員は、潜水業務従事者への送気の調節を行うためのバルブ又はコックを操作する**業務に従事する者**と連絡して、潜水業務従事者に必要な量の空気を送気させる。高圧則第36条(連絡員)第１項第２号。

解答4 × 連絡員は、危険又は健康障害の生ずるおそれがあるときには、速やかに**潜水業務従事者**に連絡する。高圧則第36条（連絡員）第１項第３号。

解答5 × 連絡員は、**潜降直前**に確認する。高圧則第36条（連絡員）第１項第４号。

解答6 ○ 高圧則第37条（潜水業務における携行物等）第３項。

7　健康診断

学習チェック

➲ 健康診断［高圧則第38条］

1．事業者は、高圧室内業務又は潜水業務（以下「高気圧業務」という。）に**常時従事する労働者**に対し、その雇入れの際、当該業務への配置替えの際及び当該業務についた後**6か月以内ごとに1回**、定期に、次の項目について、医師による健康診断を行なわなければならない。

①**既往歴及び高気圧業務歴**の調査
②関節、腰若しくは下肢（し）の痛み、耳鳴り等の自覚症状又は他覚症状の有無の検査
③**四肢の運動機能**の検査
④**鼓膜及び聴力**の検査
⑤**血圧の測定**並びに**尿中の糖及び蛋（たん）白の有無**の検査
⑥**肺活量**の測定

●医師による健康診断

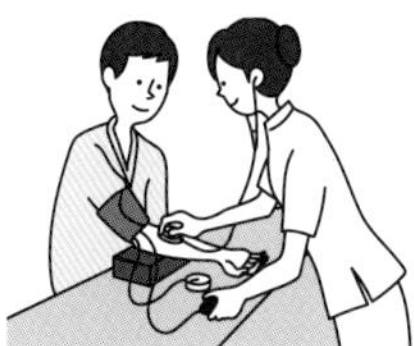
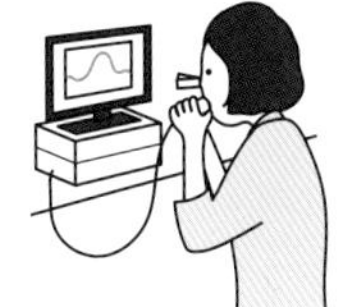

➲ 健康診断の結果［高圧則第39条］

1．事業者は、前条の健康診断（法第66条第5項ただし書の場合において当該労働者が受けた健康診断を含む。次条において「高気圧業務健康診断」という。）の結果に基づき、高気圧業務健康診断個人票を作成し、これを**5年間保存**しなければならない。

▶**安衛法第66条（健康診断）**

5．労働者は、前各項の規定により事業者が行なう健康診断を受けなければならない。ただし、事業者の指定した医師又は歯科医師が行なう健康診断を受けることを希望しない場合において、他の医師又は歯科医師の行なうこれらの規定による健康診断に**相当する健康診断**を受け、その結果を証明する書面を事業者に**提出**したときは、この限りでない。

➡ 健康診断の結果についての医師からの意見聴取［高圧則第39条の2］

1．高気圧業務健康診断の結果に基づく法第66条の4の規定による医師からの意見聴取は、次に定めるところにより行わなければならない。

①高気圧業務健康診断が行われた日（法第66条第5項ただし書の場合にあっては、当該労働者が健康診断の結果を証明する書面を事業者に提出した日）から**3か月以内**に行うこと。
②聴取した医師の意見を高気圧業務健康診断個人票に記載すること。

▶**安衛法第66条（健康診断）**

4．都道府県労働局長は、労働者の健康を保持するため必要があると認めるときは、労働衛生指導医の意見に基づき、厚生労働省令で定めるところにより、事業者に対し、臨時の健康診断の実施その他必要な事項を指示することができる。

➡ 健康診断の結果の通知［高圧則第39条の3］

1．事業者は、第38条の健康診断を受けた労働者に対し、**遅滞なく**、当該健康診断の結果を通知しなければならない。

➡ 健康診断結果報告［高圧則第40条］

1．事業者は、第38条の健康診断（**定期のもの**に限る。）を行なったときは、遅滞なく、高気圧業務健康診断結果報告書を当該事業場の所在地を管轄する**労働基準監督署長**に提出しなければならない。

ここまでの確認!! 一問一答

問1 学習チェック ☐☐☐ 健康診断は、雇入れの際、潜水業務への配置替えの際及び潜水業務についた後１年以内ごとに１回、定期に、行わなければならない。

問2 学習チェック ☐☐☐ 健康診断は、水深10ｍ未満の場所における潜水業務に常時従事する労働者に対しては実施する必要がない。

問3 学習チェック ☐☐☐ 潜水業務に常時従事する労働者に対して行う高気圧業務健康診断において、血液中の尿酸の量の検査は、法令上、実施することが義務付けられている。

問4 学習チェック ☐☐☐ 健康診断の結果に基づき、高気圧業務健康診断個人票を作成して、これを５年間保存しなければならない。

問5 学習チェック ☐☐☐ 健康診断の結果、異常の所見があると診断された労働者については、健康診断実施日から６か月以内に医師からの意見聴取を行わなければならない。

問6 学習チェック ☐☐☐ 雇入れの際及び潜水業務への配置替えの際の健康診断を行ったときは、遅滞なく、高気圧業務健康診断結果報告書を所轄労働基準監督署長に提出しなければならない。

解答1 × 健康診断は、**6か月以内**ごとに１回、定期に行う。高圧則第38条（健康診断）第１項。

解答2 × 水深に関係なく、潜水業務に**常時従事する労働者**に対しては健康診断を実施する必要がある。

解答3 × 血液中の尿酸の量の検査は、**義務付けられていない**。

解答4 ○ 高圧則第39条（健康診断の結果）第１項。

解答5 × 健康診断が行われた日から**3か月以内**に医師からの意見聴取を行わなければならない。高圧則第39条の２（健康診断の結果についての医師からの意見聴取）第１項第１号。

解答6 × **定期の健康診断**を行なったときには、遅滞なく、高気圧業務健康診断結果報告書を所轄の労働基準監督署長に提出しなければならない。高圧則第40条（健康診断結果報告）第１項。

8　再圧室

学習チェック

設置［高圧則第42条］

1．事業者は、高気圧業務（潜水業務にあっては、水深**10メートル**以上の場所におけるものに限る。）を行うときは、高圧室内業務従事者又は潜水業務従事者について救急処置を行うため必要な再圧室を**設置**し、又は利用できるような**措置**を講じなければならない。

立入禁止［高圧則第43条］

1．事業者は、必要のある者以外の者が再圧室を設置した場所及び当該再圧室を操作する場所に立ち入ることについて、禁止する旨を見やすい箇所に**表示**することその他の方法により**禁止する**とともに、表示以外の方法により禁止したときは、当該場所が立入禁止である旨を見やすい箇所に表示しておかなければならない。

再圧室の使用［高圧則第44条］

1．事業者は、再圧室を使用するときは、次に定めるところによらなければならない。

①その日の使用を開始する前に、再圧室の送気設備、排気設備、通話装置及び警報装置の作動状況について点検し、異常を認めたときは、直ちに補修し、又は取り替えること。
②加圧を行なうときは、**純酸素**を**使用しない**こと。
③出入に必要な場合を除き、主室と副室との間の扉を閉じ、かつ、それぞれの内部の圧力を**等しく保つ**こと。
④再圧室の操作を行なう者に加圧及び減圧の状態その他異常の有無について**常時監視**させること。

2．事業者は、再圧室を使用したときは、**その都度**、加圧及び減圧の状況を記録した書類を作成し、これを**5年間保存**しなければならない。

➡ 点検［高圧則第45条］

1．事業者は、再圧室については、設置時及びその後**1か月をこえない期間**ごとに、次の事項について点検し、異常を認めたときは、直ちに補修し、又は取り替えなければならない。

①送気設備及び排気設備の作動の状況
②通話装置及び警報装置の作動の状況
③電路の漏電の有無
④電気機械器具及び配線の損傷その他異常の有無

2．事業者は、前項の規定により点検を行なったときは、その結果を記録して、これを**3年間保存**しなければならない。

➡ 危険物等の持込み禁止［高圧則第46条］

1．事業者は、再圧室の内部に**危険物その他発火**若しくは**爆発のおそれのある物**又は**危険物等**を持ち込むことについて、禁止する旨を再圧室の**入口に掲示**することその他の方法により**禁止する**とともに、掲示以外の方法により禁止したときは、再圧室の内部への危険物等の持込みが禁止されている旨を再圧室の入口に掲示しておかなければならない。

ここまでの確認!! 一問一答

問1 学習チェック ☑☑☑ 再圧室の設置が義務付けられているのは、水深20m以上の場所で潜水業務を行う場合である。

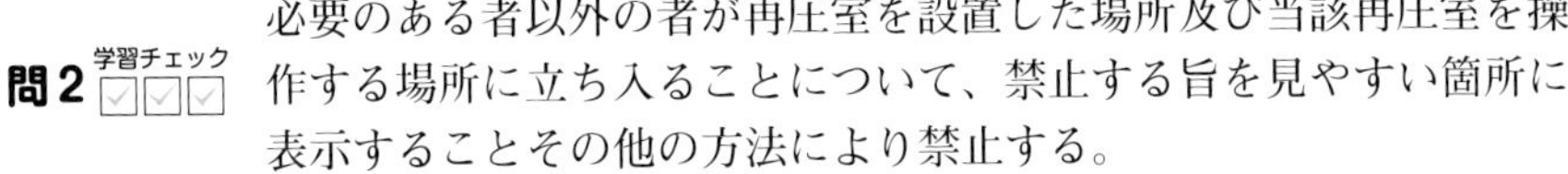

問2 学習チェック ☑☑☑ 必要のある者以外の者が再圧室を設置した場所及び当該再圧室を操作する場所に立ち入ることについて、禁止する旨を見やすい箇所に表示することその他の方法により禁止する。

問3 学習チェック ☑☑☑ 再圧室は、出入りに必要な場合を除き、主室と副室との間の扉を閉じ、かつ、副室の圧力は主室の圧力よりも低く保たなければならない。

問4 学習チェック ☑☑☑ 再圧室を使用したときには、1週を超えない期間ごとに、使用した日時並びに加圧及び減圧の状況を記録しなければならない。

問5 学習チェック ☑☑☑ 再圧室を使用したときは、その都度、加圧及び減圧の状況を記録した書類を作成し、これを5年間保存しなければならない。

問6 学習チェック □□□ 再圧室については、設置時及びその後３か月をこえない期間ごとに、送気設備及び排気設備の作動の状況など一定の事項について点検しなければならない。

問7 学習チェック □□□ 再圧室については、設置時及びその後１か月をこえない期間ごとに、電路の漏電の有無について点検しなければならない。

問8 学習チェック □□□ 再圧室については、設置時及びその後１か月をこえない期間ごとに、主室と副室間の扉の異常の有無について点検しなければならない。

問9 学習チェック □□□ 再圧室の内部に危険物その他発火若しくは爆発のおそれのある物又は危険物等を持ち込むことについて、禁止する旨を再圧室の入口に掲示することその他の方法により禁止する。

解答1 × **水深10m以上**の場所における潜水業務を行うときは、再圧室を設置し、又は利用できるような処置を講じなければならない。高圧則第42条（設置）第１項。

解答2 ○ 高圧則第43条（立入禁止）第１項。

解答3 × 再圧室は、出入に必要な場合を除き、主室と副室との間の扉を閉じ、かつ、それぞれの内部の圧力を**等しく保つ**。高圧則第44条（再圧室の使用）第１項第３号。

解答4 × 再圧室を使用したときは、**その都度**、加圧及び減圧の状況を記録しなければならない。高圧則第44条（再圧室の使用）第２項。

解答5 ○ 高圧則第44条（再圧室の使用）第２項。

解答6 × 再圧室については、設置時及びその後**１か月**をこえない期間ごとに、送気設備及び排気設備の作動の状況など一定の事項について点検しなければならない。高圧則第45条（点検）第１項第１号。

解答7 ○ 高圧則第45条（点検）第１項第３号。

解答8 × 主室と副室間の扉の異常の有無は、法令上、**特に義務付けられていない**。高圧則第45条（点検）第１項。

解答9 ○ 高圧則第46条（危険物等の持込み禁止）第１項。

9 免許証

学習チェック

潜水士［高圧則第12条］

1．事業者は、**潜水士免許**を受けた者でなければ、潜水業務につかせてはならない。

免許を受けることができる者［高圧則第52条］

1．潜水士免許は、次の者に対し、都道府県労働局長が与えるものとする。

①潜水士免許試験に**合格した者**
②その他厚生労働大臣が**定める者**

免許の欠格事由［高圧則第53条］

1．潜水士免許に係る法第72条第２項第２号の厚生労働省令で定める者は、**満18歳**に満たない者とする。

▶安衛法第72条（免許）

2．次の各号のいずれかに該当する者には、免許を与えない。

②免許の種類に応じて、厚生労働省令で定める者

就業制限［安衛法第61条］

1．事業者は、クレーンの運転その他の業務で、政令で定めるものについては、都道府県労働局長の当該業務に係る免許を受けた者又は都道府県労働局長の登録を受けた者が行う当該業務に係る技能講習を修了した者その他厚生労働省令で定める**資格を有する者**でなければ、当該**業務に就かせてはならない**。

▶安衛法第41条（就業制限についての資格）

1．法第61条第１項に規定する業務につくことができる者は、別表第３の上欄に掲げる業務の区分に応じて、それぞれ、同表の下欄に掲げる者とする。

▶別表第３（第41条関係）

業務の区分	業務につくことができる者
令第20条第９号の業務	潜水士免許を受けた者

▶就業制限に係る業務［安衛令第20条］

1．法第61条第１項の政令で定める業務は、次のとおりとする。

⑨潜水器を用い、かつ、空気圧縮機若しくは手押しポンプによる送気又はボンベからの給気を受けて、水中において行う業務

免許の取消し等［安衛法第74条］

2．都道府県労働局長は、免許を受けた者が次の各号のいずれかに該当するに至ったときは、その**免許を取り消し**、又は期間（第１号、第２号、第４号又は第５号に該当する場合にあっては、**６か月**を超えない範囲内の期間）を定めてその免許の効力を停止することができる。

①**故意**又は**重大な過失**により、当該免許に係る業務について**重大な事故**を発生させたとき。
⑤免許の種類に応じて、厚生労働省令で定めるとき。

▶安衛則第66条（免許の取消し等）

1．法第74条第２項第５号の厚生労働省令で定めるときは、次のとおりとする。

②免許証を他人に**譲渡**し、又は**貸与**したとき。

免許証の再交付又は書替え［安衛則第67条］

1．免許証の交付を受けた者で、当該免許に係る業務に現に就いているもの又は就こうとするものは、これを**滅失**し、又は**損傷**したときは、免許証再交付申請書を免許証の**交付を受けた都道府県労働局長**又はその者の**住所を管轄する都道府県労働局長**に提出し、免許証の**再交付**を受けなければならない。

2．前項に規定する者は、**氏名を変更**したときは、免許証書替申請書を免許証の**交付を受けた都道府県労働局長**又はその者の**住所を管轄する都道府県労働局長**に提出し、免許証の**書替え**を受けなければならない。

➡ 免許証の返還［安衛則第68条］

1．法第74条の規定により免許の取消しの処分を受けた者は、**遅滞なく**、免許の取消しをした都道府県労働局長に免許証を**返還**しなければならない。

ここまでの確認!! 一問一答

問1 学習チェック ☐☐☐ 水深５ｍ未満での潜水業務については、免許は必要ない。

問2 学習チェック ☐☐☐ 免許を受けることができる者は、潜水士免許試験に合格した者に限られる。

問3 学習チェック ☐☐☐ 満20歳に満たない者は、免許を受けることができない。

問4 学習チェック ☐☐☐ 故意又は重大な過失により、潜水業務について重大な事故を発生させたときは、免許の取消し又は免許の効力の一時停止の処分を受けることがある。

問5 学習チェック ☐☐☐ 免許証を他人に譲渡し、又は貸与したときは、免許の取消し又は６か月以下の免許の効力の停止を受けることがある。

問6 学習チェック ☐☐☐ 潜水業務に現に就いている者が、免許証を滅失したときは、その者の住所を管轄する労働基準監督署長から免許証の再交付を受けなければならない。

問7 学習チェック ☐☐☐ 免許証の交付を受けた者で、潜水業務に現に就いているものは、住所を変更したときは、免許証の書替えを受けなければならない。

問8 学習チェック ☐☐☐ 潜水業務に就こうとする者が、氏名を変更したときは、免許証の書替えを受けなければならない。

問9 学習チェック ☐☐☐ 免許の取消しの処分を受けた者は、遅滞なく、免許の取消しをした都道府県労働局長に免許証を返還しなければならない。

解答1	×	**水深に関係なく**、潜水業務については、免許は必要となる。高圧則第12条（潜水士）第１項。
解答2	×	免許を受けることができる者は、①潜水士免許試験に**合格した者**、②その他**厚生労働大臣が定める者**である。高圧則第52条（免許を受けることができる者）第１項第１号・第２号。
解答3	×	**満18歳**に満たない者は、免許を受けることができない。高圧則第53条（免許の欠格事由）第１項・安衛則第72条（免許）第２項第２号。
解答4	○	安衛法第74条（免許の取消し等）第２項第１号。
解答5	○	安衛法第74条（免許の取消し等）第２項第５号・安衛則第66条（免許の取消し等）第１項第２号。
解答6	×	免許証を滅失又は破損したときは、免許証再交付申請書を免許証の**交付を受けた都道府県労働局長**又はその者の住所を管轄する都道府県労働局長に提出し、免許証の再交付を受けなければならない。安衛則第67条（免許証の再交付又は書替え）第１項。
解答7	×	住所を変更した場合、免許証の書替えを**受ける必要はない**。
解答8	○	安衛則第67条（免許証の再交付又は書替え）第２項。
解答9	○	安衛則第68条（免許証の返還）第１項。

10　譲渡等の制限等

学習チェック ☑☑☑

➡ 譲渡等の制限等［安衛法第42条］

1．特定機械等以外の機械等で、別表第２（略）に掲げるものその他危険若しくは有害な作業を必要とするもの、危険な場所において使用するもの又は危険若しくは健康障害を防止するため使用するもののうち、政令で定めるものは、厚生労働大臣が定める規格又は安全装置を具備しなければ、**譲渡**し、**貸与**し、又は**設置**してはならない。

▶安衛令第13条（厚生労働大臣が定める規格又は安全装置を具備すべき機械等）

3．法第42条の政令で定める機械等は、次に掲げる機械等（本邦の地域内で使用されないことが明らかな場合を除く。）とする。

⑳再圧室
㉑潜水器

ここまでの確認!!　一問一答

問１ 学習チェック ☑☑☑　送気用空気圧縮機及び再圧室は厚生労働大臣が定める規格を具備しなければ、譲渡し、貸与し、又は設置してはならない。

問２ 学習チェック ☑☑☑　潜水器及び再圧室は厚生労働大臣が定める規格を具備しなければ、譲渡し、貸与し、又は設置してはならない。

解答１　×　送気用空気圧縮機は譲渡し、貸与し、又は設置してはならない器具**にあてはまらない**。安衛法第42条（譲渡等の制限等）第１項・安衛令第13条（厚生労働大臣が定める規格又は安全装置を具備すべき機械等）第３項第20号。

解答２　○　安衛法第42条（譲渡等の制限等）第１項・安衛令第13条（厚生労働大臣が定める規格又は安全装置を具備すべき機械等）第３項第20号・第21号。

過去問題で総仕上げ

問　題【関係法令編】

1　潜水業務の設備

（テキスト⇒210P・解説/解答⇒261P）

学習チェック ☑☑☑

問1 学習チェック ☑☑☑

空気圧縮機により送気する場合の設備に関し、法令上、誤っているものは次のうちどれか。［R4.4改］

（1）送気を調節するための空気槽は、潜水業務従事者ごとに設けなければならない。

（2）予備空気槽内の空気の圧力は、常時、最高の潜水深度に相当する圧力以上でなければならない。

（3）送気を調節するための空気槽が予備空気槽の内容積等の基準に適合するものであるときは、予備空気槽を設けることを要しない。

（4）予備空気槽の内容積等の基準に適合する予備ボンベを潜水業務従事者に携行させるときは、予備空気槽を設けることを要しない。

（5）潜水業務従事者が圧力調整器を使用するときは送気圧を計るための圧力計を、それ以外のときは送気量を計るための流量計を設けなければならない。

問2 学習チェック ☑☑☑

全面マスク式潜水で空気圧縮機により送気する場合、潜水業務従事者ごとに備える予備空気槽の内容積V（L）を計算する次式の［　　］内に入れるAからCの語句又は数値の組合せとして、法令上、正しいものは（1）～（5）のうちどれか。ただし、潜水深度の単位はm、圧力の単位はMPaでゲージ圧力を示す。

［R3.4改］

$$V = \frac{\boxed{\text{A}} \times (0.03 \times \boxed{\text{B}} + 0.4)}{\boxed{\text{C}}}$$

	A	B	C
(1)	40	最高の潜水深度	予備空気槽内の空気の圧力
(2)	60	最高の潜水深度	予備空気槽内の空気の圧力
(3)	予備空気槽内の空気の圧力	40	最高の潜水深度
(4)	予備空気槽内の空気の圧力	60	最高の潜水深度
(5)	最高の潜水深度	60	予備空気槽内の空気の圧力

問3 学習チェック ☑☑☑

全面マスク式潜水による潜水業務従事者に空気圧縮機を用いて送気し、最高深度40mまで潜水させる場合に、最小限必要な予備空気槽の内容積V（L）に最も近いものは、法令上、次のうちどれか。ただし、イ又はロのうち適切な式を用いて算定すること。なお、Dは最高の潜水深度（m）であり、Pは予備空気槽内の空気圧力（MPa、ゲージ圧力）で最高潜水深度における圧力（ゲージ圧力）の1.5倍とする。［R4.10改］

イ　$V = \dfrac{40\,(0.03D + 0.4)}{P}$

ロ　$V = \dfrac{60\,(0.03D + 0.4)}{P}$

（1）64L
（2）85L
（3）107L
（4）128L
（5）160L

問4 学習チェック ☑☑☑

空気圧縮機によって送気を行い、潜水業務従事者に圧力調整器を使用させて、最高深度が20mの潜水業務を行わせる場合に、最小限必要な予備空気槽の内容積V（L）に最も近いものは、法令上、次のうちどれか。ただし、イ又はロのうち適切な式を用いて算定すること。なお、Dは最高の潜水深度（m）であり、Pは予備空気槽内の空気圧力で0.7MPa（ゲージ圧力）とする。［R3.10改］

イ　$V=\dfrac{40(0.03D+0.4)}{P}$

ロ　$V=\dfrac{60(0.03D+0.4)}{P}$

（1）　58L
（2）　65L
（3）　75L
（4）　86L
（5）112L

問5 学習チェック ☑☑☑

ヘルメット式潜水による潜水業務従事者に空気圧縮機を用いて送気し、最高深度40mまで潜水させる場合に、最小限必要な予備空気槽の内容積V（L）は、法令上、次のうちどれか。ただし、イ又はロのうち適切な式を用いて算定すること。なお、Dは最高の潜水深度（m）であり、Pは予備空気槽内の空気圧力で0.8MPa（ゲージ圧力）とする。［R5.4改］

イ　$V=\dfrac{40(0.03D+0.4)}{P}$

ロ　$V=\dfrac{60(0.03D+0.4)}{P}$

（1）80L
（2）107L
（3）120L
（4）156L
（5）189L

2　特別の教育

（テキスト⇒214P・解説/解答⇒262P）

学習チェック

問1 学習チェック

潜水業務に伴う業務に係る特別の教育に関し、法令上、誤っているものは次のうちどれか。[R5.4]

（1）潜水作業者への送気の調節を行うためのバルブ又はコックを操作する業務に就かせるときは、特別の教育を行わなければならない。

（2）再圧室を操作する業務に就かせるときは、特別の教育を行わなければならない。

（3）水深10m未満の場所における潜水業務に就かせるときは、特別の教育を行わなければならない。

（4）特別の教育を行ったときは、その記録を３年間保存しなければならない。

（5）特別の教育の科目の全部又は一部について十分な知識及び技能を有していると認められる労働者については、その科目についての教育を省略することができる。

問2 学習チェック

事業者が、再圧室を操作する業務（再圧室操作業務）及び潜水作業者への送気の調節を行うためのバルブ又はコックを操作する業務（送気調節業務）に従事する労働者に対して行う特別の教育に関し、法令上、定められていないものは次のうちどれか。[R4.4]

（1）潜水士免許を受けた者でなければ、特別の教育の講師になることはできない。

（2）再圧室操作業務に従事する労働者に対して行う特別の教育の教育事項は、「高気圧障害の知識に関すること」、「救急再圧法に関すること」、「救急そ生法に関すること」、「関係法令」及び「再圧室の操作及び救急そ生法に関する実技」である。

（3）送気調節業務に従事する労働者に対して行う特別の教育の教育事項は、「潜水業務に関する知識に関すること」、「送気に関すること」、「高気圧障害の知識に関すること」、「関係法令」及び「送気の調節の実技」である。

（4）特別の教育の科目の全部について十分な知識と技能を有していると認められる労働者については、特別の教育を省略することができる。

（5）特別の教育を行ったときは、特別の教育の受講者、科目等の記録を作成して、これを３年間保存しておかなければならない。

問3 学習チェック ☑☑☑

安全衛生教育に関し、法令上、誤っているものは次のうちどれか。[R3.10]

（1）労働者を雇い入れたときは、その労働者に対し、原則として、従事する業務に関する一定の事項について、安全又は衛生のための教育を行わなければならない。

（2）労働者の作業内容を変更したときは、その労働者に対し、原則として、従事する業務に関する一定の事項について、安全又は衛生のための教育を行わなければならない。

（3）特定の危険又は有害な業務に労働者をつかせるときは、原則として、従事する業務に関する安全又は衛生のための特別の教育を行わなければならない。

（4）安全又は衛生のための特別の教育の科目の全部又は一部について十分な知識及び技能を有していると認められる労働者については、その科目についての安全又は衛生のための特別の教育を省略することができる。

（5）潜水業務を行うときには、「潜水作業者への送気の調節を行うためのバルブ又はコックを点検する業務」に従事する労働者に対して特別の教育を行わなければならない。

問4 学習チェック ☑☑☑

事業者が、次の業務に従事する労働者に対して、法令上、特別の教育を行わなければならないものはどれか。[R4.10]

（1）潜水作業者へ送気するための空気圧縮機を運転する業務

（2）潜水作業者への送気の調節を行うためのバルブ又はコックを操作する業務

（3）連絡員の業務

（4）潜水作業者の監視を行う業務

（5）潜水器を点検する業務

問5 学習チェック ☑☑☑

再圧室を操作する業務に就かせる労働者に対して行う特別教育の教育事項として、法令上、定められていないものは次のうちどれか。[R3.4]

（1）高気圧障害の知識に関すること。

（2）潜水業務に関する知識に関すること。

（3）救急再圧法に関すること。

（4）救急そ生法に関すること。
（5）再圧室の操作及び救急そ生法に関する実技

3　潜水作業業務の管理

（テキスト⇒218P・解説／解答⇒263P）

学習チェック ☑☑☑

問1 学習チェック ☑☑☑

潜水作業において一定の範囲内に収めなければならないとされている、潜水作業者が吸入する時点のガス分圧に関し、法令上、誤っているものは次のうちどれか。ただし、潜水業務従事者が溺水しないよう必要な措置を講じて浮上を行わせる場合を除く。［R4. 4改］

（1）酸素の分圧は、18kPa未満であってはならない。
（2）酸素の分圧は、160kPaを超えてはならない。
（3）窒素の分圧は、400kPaを超えてはならない。
（4）ヘリウムの分圧は、300kPaを超えてはならない。
（5）炭酸ガスの分圧は、0. 5kPaを超えてはならない。

問2 学習チェック ☑☑☑

潜水作業における酸素分圧の制限に関する次の文中の［　　］に入れるAからCの数値の組合せとして、法令上、正しいものは（1）～（5）のうちどれか。

［R5. 4改／R4. 10改／R3. 4改］

「潜水作業者が吸入する時点の酸素の分圧は、［A］キロパスカル以上［B］キロパスカル以下でなければならない。ただし、潜水業務従事者が溺水しないよう必要な措置を講じて浮上を行わせる場合にあっては、［A］キロパスカル以上［C］キロパスカル以下とする。」

	A	B	C
（1）	18	160	220
（2）	18	160	320
（3）	18	180	360
（4）	20	180	220
（5）	20	200	360

4　潜水業務に係る潜降、浮上等

（テキスト⇒220P・解説／解答⇒264P）

学習チェック

問1 学習チェック

潜水業務に係る潜降、浮上等に関し、法令上、定められていないものは次のうちどれか。［R5.4改］

（1）潜水業務従事者の潜降速度は、毎分10m以下としなければならない。

（2）潜水業務従事者の浮上速度は、事故のため緊急浮上させる場合を除き、毎分10m以下としなければならない。

（3）スクーバ式潜水では、潜降直前に、潜水業務従事者に対し、当該潜水業務に使用するボンベの現に有する給気能力を知らせなければならない。

（4）スクーバ式潜水では、潜水業務従事者に異常がないかどうかを監視するための者を置かなければならない。

（5）緊急浮上後、潜水業務従事者を再圧室に入れて加圧するときは、毎分0.08MPa以下の速度で行わなければならない。

問2 学習チェック

携行させたボンベ（非常用のものを除く。）から給気を受けて行う潜水業務に関し、法令上、誤っているものは次のうちどれか。［R4.10改］

（1）潜降直前に、潜水業務従事者に対し、当該潜水業務に使用するボンベの現に有する給気能力を知らせなければならない。

（2）潜水業務従事者に異常がないかどうかを監視するための者を置かなければならない。

（3）圧力1MPa（ゲージ圧力）以上の気体を充塡したボンベからの給気を受けさせるときは、2段以上の減圧方式による圧力調整器を潜水業務従事者に使用させなければならない。

（4）潜水深度が10m未満の潜水業務では、さがり綱（潜降索）を使用させなくてもよい。

（5）さがり綱（潜降索）には、3mごとに水深を表示する木札又は布等を取り付けておかなければならない。

問3 学習チェック ☑☑☑

携行させたボンベ（非常用のものを除く。）からの給気を受けて行う潜水業務に関し、法令上、誤っているものは次のうちどれか。［R4.4改/R3.4改］

（1）潜降直前に、潜水業務従事者に対し、当該潜水業務に使用するボンベの現に有する給気能力を知らせなければならない。

（2）圧力0.5MPa（ゲージ圧力）以上の気体を充塡したボンベからの給気を受けさせるときは、2段以上の減圧方式による圧力調整器を潜水業務従事者に使用させなければならない。

（3）潜水業務従事者に異常がないかどうかを監視するための者を置かなければならない。

（4）潜降するときだけでなく、浮上するときにも、さがり綱（潜降索）を潜水業務従事者に使用させなければならない。

（5）さがり綱（潜降索）には、3mごとに水深を表示する木札又は布等を取り付けておかなければならない。

問4 学習チェック ☑☑☑

潜水業務に係る潜降、浮上等に関し、法令上、定められていないものは次のうちどれか。［R3.10改］

（1）潜水業務従事者の潜降速度は、毎分10m以下としなければならない。

（2）潜水業務従事者の浮上速度は、事故のため緊急浮上させる場合を除き、毎分10m以下としなければならない。

（3）水深が10m未満の場所の潜水業務においても、潜水業務従事者にさがり綱（潜降索）を使用させなければならない。

（4）さがり綱（潜降索）には、3mごとに水深を表示する木札又は布等を取り付けておかなければならない。

（5）緊急浮上後、潜水業務従事者を再圧室に入れて加圧するときは、毎分0.08MPa以下の速度で行わなければならない。

5　設備等の点検及び修理
（テキスト⇒223P・解説/解答⇒265P）

学習チェック ☑☑☑

問1 学習チェック ☑☑☑

空気圧縮機により送気して行う潜水業務においては、法令により、特定の設備・器具について、一定期間ごとに１回以上点検しなければならないと定められているが、次の設備・器具とこの期間との組合せのうち、法令上、誤っているものはどれか。[R5.4]

（1）空気圧縮機……………………………………… １週
（2）送気する空気を清浄にするための装置……… １か月
（3）水深計…………………………………………… ３か月
（4）水中時計………………………………………… ３か月
（5）送気量を計るための流量計…………………… ６か月

問2 学習チェック ☑☑☑

潜水業務において、法令上、特定の設備・器具については一定の期間ごとに１回以上点検しなければならないと定められているが、次の設備・器具と点検期間との組合せのうち、誤っているものはどれか。[R3.4]

（1）送気する空気を清浄にするための装置……… １か月
（2）水中時計………………………………………… ３か月
（3）水深計…………………………………………… ３か月
（4）送気量を計るための流量計…………………… ６か月
（5）ボンベ…………………………………………… ６か月

問3 学習チェック ☑☑☑

スクーバ式の潜水業務を行うとき、潜水前の点検が義務付けられている潜水器具等の組合せとして、法令上、正しいものは次のうちどれか。[R4.4]

（1）さがり綱、水中時計
（2）水中時計、送気管
（3）信号索、圧力調整器
（4）送気管、潜水器
（5）潜水器、圧力調整器

問4 学習チェック ☑☑☑

空気圧縮機による送気式の潜水業務を行うとき、法令上、潜水前の点検が義務付けられていない潜水器具は次のうちどれか。[R3. 10]

（1）さがり綱（潜降索）
（2）水中時計
（3）信号索
（4）送気管
（5）潜水器

6 連絡員/潜水業務における携行物等

（テキスト⇒225P・解説/解答⇒266P）

学習チェック ☑☑☑

問1 学習チェック ☑☑☑

送気式潜水による潜水業務における連絡員に関し、法令上、誤っているものは次のうちどれか。[R5. 4改]

（1）事業者は、連絡員を潜水業務従事者２人以下ごとに１人配置する。
（2）連絡員は、潜水業務従事者への送気の調節を行うためのバルブ又はコックを操作する業務に従事する者と連絡して、潜水業務従事者に必要な量の空気を送気させる。
（3）連絡員は、潜水業務従事者と連絡して、その者の潜降及び浮上を適正に行わせる。
（4）連絡員は、送気設備の故障その他の事故により、危険又は健康障害の生ずるおそれがあるときは、速やかに潜水業務従事者に連絡する。
（5）連絡員は、ヘルメット式潜水器を用いて行う潜水業務にあっては、潜水業務従事者を一旦潜降させて、ヘルメットがかぶと台に結合されているかを確認する。

問2 学習チェック ☑☑☑

送気式潜水器を用いる潜水業務における連絡員に関し、法令上、誤っているものは次のうちどれか。［R4.10改］

（1）連絡員については、潜水業務従事者２人以下ごとに１人配置する。
（2）連絡員は、潜水業務従事者と連絡して、その者の潜降及び浮上を適正に行わせる。
（3）連絡員は、潜水業務従事者への送気の調節を行うためのバルブ又はコックを操作する業務に従事する者と連絡して、潜水業務従事者に必要な量の空気を送気させる。
（4）連絡員は、送気設備の故障その他の事故により、危険又は健康障害の生ずるおそれがあるときは、速やかにバルブ又はコックを操作する業務に従事する者に連絡する。
（5）連絡員は、ヘルメット式潜水器を用いて行う潜水業務にあっては、潜降直前に潜水業務従事者のヘルメットがかぶと台に結合されているかどうかを確認する。

問3 学習チェック ☑☑☑

送気式潜水による潜水業務における連絡員に関し、法令上、誤っているものは次のうちどれか。［R4.4改］

（1）事業者は、連絡員を潜水業務従事者２人以下ごとに１人配置する。
（2）連絡員は、潜水業務従事者への送気の調節を行うためのバルブ又はコックを操作する。
（3）連絡員は、潜水業務従事者と連絡して、その者の潜降及び浮上を適正に行わせる。
（4）連絡員は、送気設備の故障その他の事故により、危険又は健康障害の生ずるおそれがあるときは、速やかに潜水業務従事者に連絡する。
（5）連絡員は、ヘルメット式潜水器を用いて行う潜水業務にあっては、潜降直前に潜水業務従事者のヘルメットがかぶと台に結合されているかどうかを確認する。

問4 学習チェック ☑☑☑

送気式潜水による潜水業務における連絡員に関し、法令上、誤っているものは次のうちどれか。［R3. 10改］

（1）事業者は、連絡員を潜水業務従事者２人以下ごとに１人配置する。
（2）連絡員は、潜水業務従事者と連絡して、その者の潜降及び浮上を適正に行わせる。
（3）連絡員は、潜水業務従事者への送気の調節を行うためのバルブ又はコックを操作する業務に従事する者と連絡して、潜水業務従事者に必要な量の空気を送気させる。
（4）連絡員は、送気設備の故障その他の事故により、危険又は健康障害が生ずるおそれがあるときは、速やかに潜水業務従事者に連絡する。
（5）連絡員は、ヘルメット式潜水器を用いて行う潜水業務にあっては、潜降直後に潜水業務従事者のヘルメットがかぶと台に結合され、空気漏れがないことを水中の泡により確認する。

問5 学習チェック ☑☑☑

送気式潜水器を用いる潜水業務における連絡員に関し、法令上、誤っているものは次のうちどれか。［R3. 4改］

（1）連絡員については、潜水業務従事者２人以下ごとに１人配置する。
（2）連絡員は、潜水業務従事者と連絡して、その者の潜降及び浮上を適正に行わせる。
（3）連絡員は、潜水業務従事者への送気の調節を行うためのバルブ又はコックを操作する業務に従事する者と連絡して、潜水業務従事者に必要な量の空気を送気させる。
（4）連絡員は、送気設備の故障その他の事故により、危険又は健康障害の生ずるおそれがあるときは、速やかにバルブ又はコックを操作する業務に従事する者に連絡する。
（5）連絡員は、ヘルメット式潜水器を用いて行う潜水業務にあっては、潜降直前に潜水業務従事者のヘルメットがかぶと台に結合されているかどうかを確認する。

問6 学習チェック ☑☑☑

潜水作業者の携行物に関し、法令上、誤っているものは次のうちどれか。[R5.4]

（1）全面マスク式潜水では、潜水作業者と連絡員とが通話装置により通話することができることとしたときを除き、潜水作業者に、信号索、水中時計、水深計及び鋭利な刃物を携行させなければならない。

（2）全面マスク式潜水で、潜水作業者と連絡員とが通話装置により通話することができることとしたときは、潜水作業者に、鋭利な刃物を携行させなければならない。

（3）ヘルメット式潜水では、潜水作業者と連絡員とが通話装置により通話することができることとしたときを除き、潜水作業者に、信号索、水中時計、水深計及び鋭利な刃物を携行させなければならない。

（4）ヘルメット式潜水で、潜水作業者と連絡員とが通話装置により通話することができることとしたときは、潜水作業者に、鋭利な刃物を携行させなければならない。

（5）スクーバ式潜水では、潜水作業者に、信号索、水中時計、水深計及び鋭利な刃物を携行させるほか、救命胴衣又は浮力調整具を着用させなければならない。

問7 学習チェック ☑☑☑

潜水作業者と連絡員とが通話することができる通話装置がない場合における、潜水作業者の携行物に関する次の文中の［　　］内に入れるA及びBの語句の組合せとして、法令上、正しいものは（1）～（5）のうちどれか。[R3.10]

「空気圧縮機により送気して行う潜水業務を行うときは、潜水作業者に、［A］、水中時計、［B］及び鋭利な刃物を携行させなければならない。」

	A	B
（1）	コンパス	水深計
（2）	コンパス	水中ライト
（3）	水中ライト	信号索
（4）	信号索	水深計
（5）	水深計	残圧計

問8 学習チェック ☑☑☑

潜水作業者の携行物に関する次の文中の［　　］内に入れるA及びBの語句の組合せとして、法令上、正しいものは（1）～（5）のうちどれか。[R4.10]

「潜水作業者に携行させたボンベからの給気を受けて行う潜水業務を行うときは、潜水作業者に、水中時計、［ A ］及び鋭利な刃物を携行させるほか、救命胴衣又は［ B ］を着用させなければならない。」

	A	B
（1）	水深計	浮力調整具
（2）	水深計	ハーネス
（3）	コンパス	浮力調整具
（4）	残圧計	浮力調整具
（5）	残圧計	ハーネス

問9 学習チェック ☑☑☑

潜水作業者の携行物に関する次の文中の［　　］内のAからCに入る語句の組合せとして、法令上、正しいものは（1）～（5）のうちどれか。[R4.4]

「潜水作業者に携行させたボンベ（非常用のものを除く。）からの給気を受けて行う潜水業務を行うときは、潜水作業者に、［ A ］、［ B ］及び［ C ］を携行させなければならない。」

	A	B	C
（1）	水深計	残圧計	鋭利な刃物
（2）	水深計	水中時計	信号索
（3）	残圧計	信号索	鋭利な刃物
（4）	水中時計	水深計	鋭利な刃物
（5）	水中時計	残圧計	信号索

問10 学習チェック ☑☑☑

潜水作業者の携行物に関する次の文中の［　　］内のA及びBに入る語句の組合せとして、法令上、正しいものは（1）～（5）のうちどれか。[R3.4]

「潜水作業者に携行させたボンベからの給気を受けて行う潜水業務を行うときは、潜水作業者に、水中時計、［ A ］及び鋭利な刃物を携行させるほか、［ B ］を着用させなければならない。」

	A	B
（1）	残圧計	救命胴衣又は浮力調整具
（2）	残圧計	救命胴衣及び浮力調整具
（3）	残圧計	潜水用ヘルメット及び潜水靴
（4）	水深計	救命胴衣又は浮力調整具
（5）	水深計	潜水用ヘルメット及び潜水靴

7　健康診断

（テキスト⇒227P・解説/解答⇒268P）

学習チェック ☑☑☑

問1 学習チェック ☑☑☑

潜水業務に常時従事する労働者に対して行う高気圧業務健康診断に関し、法令上、正しいものは次のうちどれか。[R4.10]

（1）健康診断は、雇入れの際、潜水業務への配置替えの際及び潜水業務についた後1年以内ごとに1回、定期に、行わなければならない。

（2）健康診断は、水深10m未満の場所における潜水業務に常時従事する労働者に対しては実施する必要がない。

（3）健康診断の結果、異常の所見があると診断された労働者については、原則として、健康診断が行われた日から3か月以内に医師からの意見聴取を行わなければならない。

（4）雇入れの際に実施した健康診断の結果については、所轄労働基準監督署長に報告しなければならない。

（5）定期に行った健康診断を受けた労働者のうち、無所見の者を除き、再検査を必要とする者及び異常の所見があると診断された者に対し、遅滞なく、健康診断結果の通知を行わなければならない。

問2 学習チェック ☑☑☑

潜水業務に常時従事する労働者に対して行う高気圧業務健康診断に関し、法令上、誤っているものは次のうちどれか。［R4. 4］

（1）雇入れの際、潜水業務への配置替えの際及び定期に、一定の項目について、医師による健康診断を行わなければならない。
（2）健康診断の結果、異常の所見があると診断された労働者については、健康診断実施日から６か月以内に医師からの意見聴取を行わなければならない。
（3）水深10ｍ未満の場所で潜水業務に常時従事する労働者についても、健康診断を行わなければならない。
（4）健康診断を受けた労働者に対し、異常の所見が認められなかった者も含め、遅滞なく、当該健康診断の結果を通知しなければならない。
（5）健康診断の結果に基づき、高気圧業務健康診断個人票を作成し、これを５年間保存しなければならない。

問3 学習チェック ☑☑☑

潜水業務に常時従事する労働者に対して行う高気圧業務健康診断に関し、法令上、正しいものは次のうちどれか。［R3. 4］

（1）健康診断は、雇入れの際、潜水業務への配置替えの際及び潜水業務についた後１年以内ごとに１回、定期に、行わなければならない。
（2）健康診断は、水深10ｍ未満の場所における潜水業務に常時従事する労働者に対しては実施する必要がない。
（3）事業場において実施した健康診断の結果、異常の所見があると診断された労働者については、健康診断が行われた日から３か月以内に医師からの意見聴取を行わなければならない。
（4）雇入れの際に実施した健康診断の結果については、所轄労働基準監督署長に報告しなければならない。
（5）健康診断の結果に基づき、高気圧業務健康診断個人票を作成して、これを３年間保存しなければならない。

問4 学習チェック ☑☑☑

潜水業務に常時従事する労働者に対して行う高気圧業務健康診断において、法令上、実施することが義務付けられていない項目は次のうちどれか。［R5.4］

（1）既往歴及び高気圧業務歴の調査
（2）血圧の測定並びに尿中の糖及び蛋（たん）白の有無の検査
（3）鼓膜及び聴力の検査
（4）視力の測定
（5）肺活量の測定

問5 学習チェック ☑☑☑

潜水業務に常時従事する労働者に対して行う高気圧業務健康診断において、法令上、実施することが義務付けられていない項目は次のうちどれか。［R3.10］

（1）既往歴及び高気圧業務歴の調査
（2）四肢の運動機能の検査
（3）血圧の測定並びに尿中の糖及び蛋（たん）白の有無の検査
（4）血液中の尿酸の量の検査
（5）肺活量の測定

8 再圧室

（テキスト⇒230P・解説／解答⇒270P）

学習チェック ☑☑☑

問1 学習チェック ☑☑☑

再圧室に関する次のAからDの記述について、法令上、正しいものの組合せは（1）～（5）のうちどれか。［R4.10］

A　再圧室の内部に高温となって可燃物の点火源となるおそれのある物等を持ち込むことを禁止し、その旨を再圧室の入口に掲示しておかなければならない。

B　再圧室については、設置時及びその後3か月をこえない期間ごとに、送気設備及び排気設備の作動の状況など一定の事項について点検しなければならない。

C　再圧室は、出入りに必要な場合を除き、主室と副室との間の扉を閉じ、かつ、それぞれの内部の圧力を等しく保たなければならない。

D　再圧室を使用したときは、1週をこえない期間ごとに、使用した日時並びに加圧及び減圧の状況を記録しなければならない。

（1）A，B
（2）A，C
（3）A，D
（4）B，C
（5）C，D

問2 学習チェック ☑☑☑

再圧室に関する次のAからDの記述について、法令上、正しいものの組合せは（1）～（5）のうちどれか。［R4.4］

A　再圧室を使用したときは、その都度、加圧及び減圧の状況を記録した書類を作成し、これを5年間保存しなければならない。

B　再圧室を使用するときは、再圧室の操作を行う者に加圧及び減圧の状態その他異常の有無について常時監視させなければならない。

C　再圧室は、出入りに必要な場合を除き、主室と副室との間の扉を閉じ、かつ、副室の圧力は主室の圧力よりも低く保たなければならない。

D　再圧室については、設置時及びその後3か月をこえない期間ごとに一定の事項について点検しなければならない。

（1）A，B
（2）A，C
（3）A，D
（4）B，C
（5）C，D

問3 学習チェック ☑☑☑

再圧室に関する次のAからDの記述について、法令上、正しいものの組合せは（1）～（5）のうちどれか。[R5.4/R3.10]

A　水深10m以上の場所における潜水業務を行うときは、再圧室を設置し、又は利用できるような措置を講じなければならない。

B　再圧室を使用するときは、再圧室の操作を行う者に加圧及び減圧の状態その他異常の有無について常時監視させなければならない。

C　再圧室は、出入りに必要な場合を除き、主室と副室との間の扉を閉じ、かつ、副室の圧力は主室の圧力よりも低く保たなければならない。

D　再圧室については、設置時及びその後3か月をこえない期間ごとに一定の事項について点検しなければならない。

（1）A，B
（2）A，C
（3）A，D
（4）B，C
（5）C，D

問4 学習チェック ☑☑☑

再圧室に関する次のAからDの記述について、法令上、正しいものの組合せは（1）～（5）のうちどれか。[R3.4]

A　再圧室を設置した場所及び再圧室を操作する場所に、必要のある者以外の者が立ち入ることを禁止し、その旨を見やすい箇所に表示しておかなければならない。

B　再圧室を使用するときは、再圧室の操作を行う者に加圧及び減圧の状態その他異常の有無について常時監視させなければならない。

C　再圧室は、出入りに必要な場合を除き、主室と副室との間の扉を閉じ、かつ、副室の圧力は主室の圧力よりも低く保たなければならない。

D　再圧室については、設置時及びその後3か月をこえない期間ごとに一定の事項について点検しなければならない。

（1）A，B
（2）A，C
（3）A，D
（4）B，C
（5）C，D

問5 学習チェック ☑☑☑

潜水業務に関し、法令に基づき記録することが義務付けられている記録、書類等とその保存年限との次の組合せのうち、法令上、誤っているものはどれか。

［R4.10］

（1）潜水前に行う潜水器及び圧力調整器の点検の概要の記録……………3年間

（2）潜水業務を行った潜水作業者の氏名及び浮上の日時を記載した書類
………………………………………………………………………… 3年間

（3）再圧室設置時に行う送気設備等の作動の状況の点検の結果の記録
………………………………………………………………………… 3年間

（4）再圧室使用時の加圧及び減圧の状況を記録した書類…………………5年間

（5）高気圧業務健康診断個人票………………………………………………5年間

9 免許証

（テキスト⇒233P・解説/解答⇒271P）

学習チェック ☑☑☑

問1 学習チェック ☑☑☑

潜水士免許に関し、法令上、誤っているものは次のうちどれか。［R5.4］

（1）満18歳に満たない者は、免許を受けることができない。

（2）潜水器を用い、かつ、空気圧縮機による送気又はボンベからの給気を受けて、水中において行う業務は、潜水士免許を受けた者でなければ、就くことができない。

（3）免許証の交付を受けた者で、潜水業務に就こうとするものは、氏名を変更したときは、免許証の書替えを受けなければならない。

（4）潜水業務に現に就いている者が、免許証を滅失したときは、所轄労働基準監督署長から免許証の再交付を受けなければならない。

（5）免許証を他人に譲渡し、又は貸与したときは、免許の取消し又は6か月以下の免許の効力の停止を受けることがある。

問2 学習チェック ☑☑☑

潜水士免許に関し、法令上、誤っているものは次のうちどれか。[R4. 10]

（1）満18歳に満たない者は、免許を受けることができない。

（2）免許を受けた者が重大な過失により、潜水業務について重大な事故を発生させたときは、都道府県労働局長は、その免許を取り消し、又は期間を定めてその免許の効力を停止することができる。

（3）潜水業務に現に就いている者が、免許証を滅失したときは、その者の住所を管轄する所轄労働基準監督署長から免許証の再交付を受けなければならない。

（4）免許を受けた者が免許証を他人に貸与したときは、都道府県労働局長は、その免許を取り消し、又は期間を定めてその免許の効力を停止することができる。

（5）免許の取消しの処分を受けた者は、遅滞なく、免許の取消しをした都道府県労働局長に免許証を返還しなければならない。

問3 学習チェック ☑☑☑

潜水士免許に関し、法令上、誤っているものは次のうちどれか。[R4. 4]

（1）満18歳に満たない者は、免許を受けることができない。

（2）免許証の交付を受けた者で、潜水業務に現に就いているものは、免許証を滅失したときは、免許証の再交付を受けなければならない。

（3）免許証の交付を受けた者で、潜水業務に現に就いているものは、住所を変更したときは、免許証の書替えを受けなければならない。

（4）免許証の交付を受けた者で、潜水業務に就こうとするものは、氏名を変更したときは、免許証の書替えを受けなければならない。

（5）免許証を他人に譲渡し、又は貸与したときは、免許の取消し又は6か月以下の免許の効力の停止を受けることがある。

問4 学習チェック ☑☑☑

潜水士免許に関し、法令上、誤っているものは次のうちどれか。[R3. 4]

（1）免許を受けることができる者は、潜水士免許試験に合格した者に限られる。
（2）潜水業務に現に就いている者又は就こうとする者が、免許証を滅失し、又は損傷したときは、免許証の再交付を受けなければならない。
（3）潜水業務に現に就いている者又は就こうとする者が、氏名を変更したときは、免許証の書替えを受けなければならないが、住所を変更したときは、その必要はない。
（4）免許証の再交付申請書又は書替申請書は、その免許証の交付を受けた都道府県労働局長又は本人の住所を管轄する都道府県労働局長に提出しなければならない。
（5）満18歳に満たない者は、免許を受けることができない。

問5 学習チェック ☑☑☑

潜水士免許に関する次のAからDの記述について、誤っているものの組合せは（1）～（5）のうちどれか。[R3. 10]

A　水深５m未満での潜水業務については、免許は必要ない。
B　満20歳に満たない者は、免許を受けることができない。
C　故意又は重大な過失により、潜水業務について重大な事故を発生させたときは、免許の取消しの処分を受けることがある。
D　免許証の再交付申請書又は書替申請書は、その免許証の交付を受けた都道府県労働局長又は本人の住所を管轄する都道府県労働局長に提出しなければならない。

（1）A，B
（2）A，C
（3）A，D
（4）B，D
（5）C，D

10　譲渡等の制限等

（テキスト⇒237P・解説/解答⇒273P）

学習チェック

問1 学習チェック

潜水業務に用いる次の設備・器具などのうち、厚生労働大臣が定める規格を具備しなければ、譲渡し、貸与し、又は設置してはならないものはどれか。

［R3. 10］

（1）送気用空気圧縮機
（2）流量計
（3）残圧計
（4）水深計
（5）潜水器

問2 学習チェック

次のAからEの設備・器具について、厚生労働大臣が定める規格を具備しなければ、譲渡し、貸与し、又は設置してはならないものの全ての組合せは（1）～（5）のうちどれか。［R2. 10］

A　送気圧を計るための圧力計
B　送気量を計るための流量計
C　潜水器
D　再圧室
E　水深計

（1）A，B，C
（2）A，D，E
（3）B，E
（4）C，D
（5）D，E

解答／解説【関係法令編】

1　潜水業務の設備（テキスト⇒210P・問題⇒238P）

解説1　解答（2）

（1）高圧則第８条（空気槽）第１項。

（2）予備空気槽内の空気の圧力は、常時、最高の潜水深度における**圧力の1.5倍以上**であること。高圧則第８条（空気槽）第２項第１号。

（3）高圧則第８条（空気槽）第３項。

（4）高圧則第８条（空気槽）第３項。

（5）高圧則第９条（空気清浄装置、圧力計及び流量計）第１項。

解説2　解答（1）

告示より、潜水業務作業者に圧力調整器を使用させる場合の計算式となる。

$$V = \frac{40\times(0.03\times\text{最高の潜水深度}+0.4)}{\text{予備空気槽内の空気の圧力}}$$

解説3　解答（3）

最高深度が40ｍであるため、予備空気槽内の空気圧力（ゲージ圧力）は次のとおりになる。

予備空気槽内の空気の圧力（ゲージ圧力）

＝最高深度40mにおける圧力（ゲージ圧力）×1.5倍

＝0.4MPa×1.5＝0.6MPa

告示より、潜水業務作業者に圧力調整器を使用させる場合は、イの計算式を用いる。

$$V = \frac{40\times(0.03D+0.4)}{P}$$

$$= \frac{40\times(0.03\times40\,\text{m}+0.4)}{0.6\,\text{MPa}}$$

$$= 106.66\cdots\text{L} \fallingdotseq 107\,\text{L}$$

第4章
関係法令

解説４　解答（1）

潜水業務作業者に圧力調整器を使用させる場合、告示により、イの計算式を用いて計算する。Dには最高潜水深度20ｍ、Pには予備空気槽内の空気圧力0.7MPaを代入する。

$$V=\frac{40\times(0.03D+0.4)}{P}$$

$$=\frac{40\times(0.03\times20m+0.4)}{0.7MPa}=57.14\cdots L\fallingdotseq \mathbf{58L}$$

解説５　解答（3）

ヘルメット式潜水により空気圧縮機を使用させる場合、告示より、ロの計算式を用いて計算する。Dには最高潜水深度40ｍ、Pには予備空気槽内の空気圧力0.8MPaを代入する。

$$V=\frac{60\times(0.03D+0.4)}{P}$$

$$=\frac{60\times(0.03\times40m+0.4)}{0.8MPa}=\mathbf{120L}$$

2　特別の教育 （テキスト⇒214P・問題⇒241P）

解説１　解答（3）

（1）高圧則第11条（特別の教育）第１項第４号。

（2）高圧則第11条（特別の教育）第１項第５号。

（3）水深10ｍ未満の場所における潜水業務に就かせるときの特別の教育に関する**法令はない**。

（4）安衛則第38条（特別教育の記録の保存）第１項。

（5）安衛則第37条（特別教育の科目の省略）第１項。

解説２　解答（1）

（1）特別の教育の講師ついての要件に、潜水士免許を受けた者とは**定められていない**。

（2）高圧則第11条（特別の教育）第２項。

（3）高圧則第11条（特別の教育）第２項。

（4）安衛則第37条（特別教育の科目の省略）第１項。

（5）安衛則第38条（特別教育の記録の保存）第１項。

解説３ 解答（5）

（1）安衛法第59条（安全衛生教育）第１項。

（2）安衛法第59条（安全衛生教育）第２項。

（3）安衛法第59条（安全衛生教育）第３項。

（4）安衛則第37条（特別教育の科目の省略）第１項。

（5）潜水業務を行うときには、「潜水作業者への送気の調節を行うためのバルブ又はコックを**操作**する業務」に従事する労働者に対して特別の教育を行わなければならない。高圧則第11条（特別の教育）第１項第４号。

解説４ 解答（2）

（1）＆（3）～（5）特別の教育を行わなければならないものとして法律上、**定められていない**。

（2）高圧則第11条（特別の教育）第２項。

解説５ 解答（2）

（1）＆（3）～（5）高圧則第11条（特別の教育）第２項。

（2）再圧室を操作する業務において、「潜水業務に関する知識に関すること」は、特別教育の教育事項に、**定められていない**。

3 潜水作業業務の管理 （テキスト⇒218P・問題⇒243P）

解説１ 解答（4）

（1）＆（2）高圧則第15条（ガス分圧の制限）第１項第１号。

（3）高圧則第15条（ガス分圧の制限）第１項第２号。

（4）ヘリウムは窒素と同じく呼吸用不活性ガスとして用いられる気体であるが、特に中毒を生じないため、**分圧の制限は設けられていない**。

（5）高圧則第15条（ガス分圧の制限）第１項第３号。

解説2　解答（1）

潜水作業者が吸入する時点の酸素の分圧は、（A：18）キロパスカル以上（B：160）キロパスカル以下でなければならない。ただし、潜水業務従事者が溺水しないよう必要な措置を講じて浮上を行わせる場合にあっては、（A：18）キロパスカル以上（C：220）キロパスカル以下とする。高圧則第15条（ガス分圧の制限）第１項第１号。

4　潜水業務に係る潜降、浮上等（テキスト⇒220P・問題⇒244P）

解説1　解答（1）

（1）潜水業務従事者の潜降速度については**定められていない**。
（2）高圧則第18条（浮上の速度等）第１項第１号。
（3）高圧則第29条（ボンベからの給気を受けて行う潜水業務）第１項第１号。
（4）高圧則第29条（ボンベからの給気を受けて行う潜水業務）第１項第２号。
（5）高圧則第32条（浮上の特例等）第３項・高圧則第14条（加圧の速度）第１項。

解説2　解答（4）

（1）高圧則第29条（ボンベからの給気を受けて行う潜水業務）第１項第１号。
（2）高圧則第29条（ボンベからの給気を受けて行う潜水業務）第１項第２号。
（3）高圧則第30条（圧力調整器）第１項。
（4）水深が10ｍ未満の場所の潜水業務においても、さがり綱（潜降索）を**使用させなければならない**。高圧則第33条（さがり綱）第１項。
（5）高圧則第33条（さがり綱）第２項。

解説3　解答（2）

（1）高圧則第29条（ボンベからの給気を受けて行う潜水業務）第１項第１号。
（2）圧力１MPa（ゲージ圧力）以上の気体を充塡したボンベからの給気を受けさせるときは、２段以上の減圧方式による圧力調整器を潜水業務従事者に使用させなければならない。高圧則第30条（圧力調節器）第１項。
（3）高圧則第29条（ボンベからの給気を受けて行なう潜水業務）第１項第２号。
（4）高圧則第33条（さがり綱）第１項。
（5）高圧則第33条（さがり綱）第２項。

解説4　解答（1）

（1）潜水業務従事者の潜降速度については**定められていない**。

（2）高圧則第18条（浮上の速度等）第１項。

（3）高圧則第33条（さがり綱）第１項。

（4）高圧則第33条（さがり綱）第２項。

（5）高圧則第32条（浮上の特例等）第３項・高圧則第14条（加圧の速度）第１項。

5　設備等の点検及び修理 （テキスト⇒223P・問題⇒246P）

解説1　解答（3）

（1）高圧則第34条（設備等の点検及び修理）第２項第１号イ。

（2）高圧則第34条（設備等の点検及び修理）第２項第１号ロ。

（3）水深計は**１か月**に１回以上点検しなければならない。高圧則第34条（設備等の点検及び修理）第２項第１号ハ。

（4）高圧則第34条（設備等の点検及び修理）第２項第１号ニ。

（5）高圧則第34条（設備等の点検及び修理）第２項第１号ホ。

解説2　解答（3）

（1）高圧則第34条（設備等の点検及び修理）第２項第１号ロ。

（2）高圧則第34条（設備等の点検及び修理）第２項第１号ニ・第２号ロ。

（3）水深計は**１か月**に１回以上点検しなければならない。高圧則第34条（設備等の点検及び修理）第２項第１号ハ・第２号イ。

（4）高圧則第34条（設備等の点検及び修理）第２項第１号ホ。

（5）高圧則第34条（設備等の点検及び修理）第２項第２号ハ。

解説3　解答（5）

スクーバ式の潜水業務は、潜水作業者に携行させたボンベからの給気を受けて行う潜水業務に該当し、潜水前の点検に**潜水器**及び**圧力調整器**が義務付けられている潜水器具である。高圧則第34条（設備等の点検及び修理）第１項第３号。

解説4 解答（2）

（2）**水中時計**は潜水前の点検が**義務付けられていない**潜水器具となる。高圧則第34条（設備等の点検及び修理）第１項第１号。

6　連絡員/潜水業務における携行物等 （テキスト⇒225P・問題⇒247P）

解説1 解答（5）

（1）高圧則第36条（連絡員）第１項。
（2）高圧則第36条（連絡員）第１項第２号。
（3）高圧則第36条（連絡員）第１項第１号。
（4）高圧則第36条（連絡員）第１項第３号。
（5）連絡員は、ヘルメット式潜水器を用いて行う潜水業務にあっては、**潜降直前**に潜水業務作業者のヘルメットがかぶと台に結合されているかを確認する。高圧則第36条（連絡員）第１項第４号。

解説2 解答（4）

（1）高圧則第36条（連絡員）第１項。
（2）高圧則第36条（連絡員）第１項第１号。
（3）高圧則第36条（連絡員）第１項第２号。
（4）連絡員は、送気設備の故障その他の事故により、危険又は健康障害の生ずるおそれがあるときは、速やかに**潜水業務従事者**に連絡する。高圧則第36条（連絡員）第１項第３号。
（5）高圧則第36条（連絡員）第１項第４号。

解説3 解答（2）

（1）高圧則第36条（連絡員）第１項。
（2）連絡員は、潜水業務従事者への送気の調節を行うためのバルブ又はコックを操作する**業務に従事する者と連絡して、潜水業務従事者に必要な量の空気を送気させる**。高圧則第36条（連絡員）第１項第２号。
（3）高圧則第36条（連絡員）第１項第１号。
（4）高圧則第36条（連絡員）第１項第３号。
（5）高圧則第36条（連絡員）第１項第４号。

解説4 解答（5）

（1）高圧則第36条（連絡員）第1項。
（2）高圧則第36条（連絡員）第1項第1号。
（3）高圧則第36条（連絡員）第1項第2号。
（4）高圧則第36条（連絡員）第1項第3号。
（5）連絡員は、ヘルメット式潜水器を用いて行う潜水業務にあっては、**潜降直前**に当該潜水業務従事者のヘルメットがかぶと台に結合されているかを確認する。高圧則第36条（連絡員）第1項第4号。

解説5 解答（4）

（1）高圧則第36条（連絡員）第1項。
（2）高圧則第36条（連絡員）第1項第1号。
（3）高圧則第36条（連絡員）第1項第2号。
（4）連絡員は、送気設備の故障その他の事故により、危険又は健康障害の生ずるおそれがあるときは、速やかに**潜水業務従事者**に連絡する。高圧則第36条（連絡員）第1項第3号。
（5）高圧則第36条（連絡員）第1項第4号。

解説6 解答（5）

（1）～（4）高圧則第37条（潜水業務における携行物等）第1項。
（5）スクーバ式潜水では、**信号索**を携行させる**必要はない**。高圧則第37条（潜水業務における携行物等）第3項。

解説7 解答（4）

空気圧縮機により送気して行う潜水業務を行うときは、潜水作業者に、（A：**信号索**）、水中時計、（B：**水深計**）及び鋭利な刃物を携行させなければならない。高圧則第37条（潜水業務における携行物等）第1項。

解説8 解答（1）

潜水作業者に携行させたボンベからの給気を受けて行う潜水業務を行うときは、潜水作業者に、水中時計、（A：**水深計**）及び鋭利な刃物を携行させるほか、救命胴衣又は（B：**浮力調整具**）を着用させなければならない。高圧則第37条（潜水業務における携行物等）第3項。

解説9 解答（4）

潜水作業者に携行させたボンベ（非常用のものを除く。）からの給気を受けて行う潜水業務を行うときは、潜水作業者に、（A ：**水中時計**）、（B ：**水深計**）及び（C ：**鋭利な刃物**）を携行させなければならない。高圧則第37条（潜水業務における携行物等）第３項。

解説10 解答（4）

潜水作業者に携行させたボンベからの給気を受けて行う潜水業務を行うときは、潜水作業者に、水中時計、（A：**水深計**）及び鋭利な刃物を携行させるほか、（B：**救命胴衣又は浮力調整具**）を着用させなければならない。高圧則第37条（潜水業務における携行物等）第３項。

7　健康診断 (テキスト⇒227P・問題⇒252P)

解説１ 解答（3）

（1）健康診断は、雇入れの際、潜水業務への配置替えの際及び潜水業務についた後**６か月以内**ごとに１回、定期に、行わなければならない。高圧則第38条（健康診断）第１項。

（2）**水深に関係なく**、潜水業務に常時従事する労働者に対しては健康診断を実施する**必要がある**。高圧則第38条（健康診断）第１項。

（3）高圧則第39条の２（健康診断の結果についての医師からの意見聴取）第１項第１号。

（4）**定期の健康診断**を行なったときは、遅滞なく、高気圧業務健康診断結果報告書を所轄労働基準監督署長に提出しなければならない。高圧則第40条（健康診断結果報告）第１項。

（5）特定の労働者を限定せず、定期に行った健康診断を受けた**すべての労働者に対し**、遅滞なく、健康診断結果の通知を行わなければならない。高圧則第39条の３（健康診断の結果の通知）第１項。

解説2　解答（2）

（1）高圧則第38条（健康診断）第１項。

（2）健康診断の結果、異常の所見があると診断された労働者については、健康診断が行われた日から**3か月以内**に医師からの意見聴取を行わなければならない。高圧則第39条の２（健康診断の結果についての医師からの意見聴取）第１項第１号。

（3）高圧則第38条（健康診断）第１項。

（4）高圧則第39条の３（健康診断の結果の通知）第１項。

（5）高圧則第39条（健康診断の結果）第１項。

解説3　解答（3）

（1）健康診断は、雇入れの際、潜水業務への配置替えの際及び潜水業務についた後**6か月以内**ごとに１回、定期に、行わなければならない。高圧則第38条（健康診断）第１項。

（2）**水深に関係なく**、潜水業務に常時従事する労働者に対しては健康診断を実施する**必要がある**。高圧則第38条（健康診断）第１項。

（3）高圧則第39条の２（健康診断の結果についての医師からの意見聴取）第１項第１号。

（4）**定期の健康診断**を行なったときは、遅滞なく、高気圧業務健康診断結果報告書を所轄労働基準監督署長に提出しなければならない。高圧則第40条（健康診断結果報告）第１項。

（5）健康診断の結果に基づき、高気圧業務健康診断個人票を作成して、これを**5年間保存**しなければならない。高圧則第39条（健康診断の結果）第１項。

解説4　解答（4）

（1）高圧則第38条（健康診断）第１項第１号。

（2）高圧則第38条（健康診断）第１項第５号。

（3）高圧則第38条（健康診断）第１項第４号。

（4）視力の測定は、実施することが**義務付けられていない項目**である。

（5）高圧則第38条（健康診断）第１項第６号。

解説５　解答（4）

（１）高圧則第38条（健康診断）第１項第１号。

（２）高圧則第38条（健康診断）第１項第３号。

（３）高圧則第38条（健康診断）第１項第５号。

（４）血液中の尿酸の量の検査は、実施することが**義務付けられていない項目**である。

（５）高圧則第38条（健康診断）第１項第６号。

8　再圧室（テキスト⇒230P・問題⇒254P）

解説１　解答（2）

A：正しい。高圧則第46条（危険物等の持込み禁止）第１項。

B：誤り。再圧室については、設置時及び**その後１か月**をこえない期間ごとに一定の事項について点検しなければならない。高圧則第45条（点検）第１項。

C：正しい。高圧則第44条（再圧室の使用）第１項第３号。

D：誤り。再圧室を使用したときは、**その都度**、加圧及び減圧の状況を記録しなければならない。高圧則第44条（再圧室の使用）第２項。

解説２　解答（1）

A：正しい。高圧則第44条（再圧室の使用）第２項。

B：正しい。高圧則第44条（再圧室の使用）第１項第４号。

C：誤り。再圧室は、出入に必要な場合を除き、主室と副室との間の扉を閉じ、かつ、それぞれの内部の**圧力を等しく保つ**こと。高圧則第44条（再圧室の使用）第１項第３号。

D：誤り。再圧室については、設置時及びその後**１か月**をこえない期間ごとに一定の事項について点検しなければならない。高圧則第45条（点検）第１項。

解説３　解答（1）

A：正しい。高圧則第42条（設置）第１項。

B：正しい。高圧則第44条（設置）第１項第４号。

C：誤り。再圧室は、出入に必要な場合を除き、主室と副室との間の扉を閉じ、かつ、それぞれの内部の**圧力を等しく保つ**こと。高圧則第44条（再圧室の使用）第1項第3号。

D：誤り。再圧室については、設置時及びその後**1か月**をこえない期間ごとに一定の事項について点検しなければならない。高圧則第45条（点検）第1項。

解説4　解答（1）

A：正しい。高圧則第43条（立入禁止）第1項。

B：正しい。高圧則第44条（再圧室の使用）第1項第4号。

C：誤り。再圧室は、出入に必要な場合を除き、主室と副室との間の扉を閉じ、かつ、それぞれの内部の**圧力を等しく保つ**こと。高圧則第44条（再圧室の使用）第1項第3号。

D：誤り。再圧室については、設置時及びその後**1か月**をこえない期間ごとに一定の事項について点検しなければならない。高圧則第45条（点検）第1項。

解説5　解答（2）

（1）高圧則第34条（設備等の点検及び修理）第3項。⇒224P参照

（2）潜水業務を行った潜水作業者の氏名及び浮上の日時を記載した書類を**5年間**保存しなければならない。高圧則第20条の2（作業の状況の記録等）第1項。⇒219P参照

（3）高圧則第45条（点検）第2項。

（4）高圧則第44条（再圧室の使用）第2項。

（5）高圧則第39条（健康診断の結果）第1項。⇒227P参照

9　免許証 （テキスト⇒233P・問題⇒257P）

解説1　解答（4）

（1）高圧則第53条（免許の欠格事由）第1項・安衛法第72条（免許）第2項第2号。

（2）安衛法第61条（就業制限）第1項・安衛則第41条（就業制限についての資格）第1項・別表第3（第41条関係）・安衛令第20条第1項第9号。

（3）安衛則第67条（免許証の再交付又は書替え）第2項。

（4）免許証を滅失又は破損したときは、免許証再交付申請書を免許証の交付を受けた**都道府県労働局長**又はその者の住所を管轄する**都道府県労働局長**に提出し、免許証の再交付を受けなければならない。安衛則第67条（免許証の再交付又は書替え）第1項。

（5）安衛法第74条（免許の取り消し等）第2項第5号・安衛法第66条（免許の取り消し等）第1項第2項。

解説2　解答（3）

（1）高圧則第53条（免許の欠格事由）第1項・安衛法第72条（免許）第2項第2号。

（2）安衛法第74条（免許の取り消し等）第2項第1号。

（3）潜水業務に現に就いている者が、免許証を滅失したときは、免許証再交付申請書を免許証の**交付を受けた**都道府県労働局長又はその者の**住所を管轄する**都道府県労働局長に提出し、免許証の再交付を受けなければならない。安衛則第67条（免許証の再交付又は書替え）第1項。

（4）安衛法第74条（免許の取消し等）第2項第5号・安衛則第66条（免許の取消し等）第1項第2号。

（5）安衛則第68条（免許書の返還）第1項。

解説3　解答（3）

（1）高圧則第53条（免許の欠格事由）第1項・安衛法第72条（免許）第2項第2号。

（2）安衛則第67条（免許証の再交付又は書替え）第1項。

（3）住所を変更した場合には、免許証の書替えを**受ける必要はない**。

（4）安衛則第67条（免許証の再交付又は書替え）第2項。

（5）安衛法第74条（免許の取消し等）第2項第5号・安衛則第66条（免許の取消し等）第1項第2号。

解説4　解答（1）

（1）免許を受けることができる者は、潜水士免許試験に合格した者と**その他厚生労働大臣が定める者**である。高圧則第52条(免許を受けることができる者)第1項第1号・第2号。

（2）安衛則第67条（免許証の再交付又は書替え）第1項。

（3）安衛則第67条（免許証の再交付又は書替え）第２項。

（4）安衛則第67条（免許証の再交付又は書替え）第１項。

（5）高圧則第53条（免許の欠格事由）第１項・安衛則第72条（免許）第２項第２号。

解説５ 解答（1）

A：誤り。水深に関係なく、潜水業務については、**免許は必要となる**。高圧則第12条（潜水士）第１項。

B：誤り。**満18歳**に満たない者は、免許を受けることができない。高圧則第53条（免許の欠格事由）第１項・安衛法第72条（免許）第２項第２号。

C：正しい。安衛法第74条（免許の取消し等）第２項第１号。

D：正しい。安衛則第67条（免許証の再交付又は書替え）第１項。

10　譲渡等の制限等 （テキスト⇒237P・問題⇒260P）

解説１ 解答（5）

（5）**潜水器**は厚生労働大臣が定める規格を具備しなければ、譲渡し、貸与し、又は設置してはならない。安衛法第42条（譲渡等の制限等）第１項・安衛令第13条（厚生労働大臣が定める規格又は安全装置を具備すべき機械等）第３項第21号。

解説２ 解答（4）

Ｃの**潜水器**及びＤの**再圧室**は厚生労働大臣が定める規格を具備しなければ、譲渡し、貸与し、又は設置してはならない。安衛法第42条（譲渡等の制限等）第１項・安衛令第13条（厚生労働大臣が定める規格又は安全装置を具備すべき機械等）第３項第20号・第21号。

覚えておこう【関係法令編】

潜水業務の設備

事業者は、潜水業務従事者に、空気圧縮機により送気するときは、当該空気圧縮機による送気を受ける業務従事者ごとに、送気を調節するための【空気槽】及び【予備空気槽】を設けなければならない

予備空気槽内の空気の圧力は、常時、最高の潜水深度における圧力の【1.5】倍以上であること

予備空気槽の内容積は、厚生労働大臣が定める方法により計算した値以上であること

潜水作業者に【圧力調整器】を使用させる場合（全面マスク等）	$V = \dfrac{【40】(0.03D + 0.4)}{P}$
前号に掲げる場合以外の場合（ヘルメット式）	$V = \dfrac{【60】(0.03D + 0.4)}{P}$

V：予備空気槽の内容積（単位L）
D：最高の潜水【深度】（単位m）
P：予備空気槽内の空気の【圧力】（単位MPa）

送気を調節するための空気槽が予備空気槽の基準に適合するものであるとき、又は当該基準に適合する予備ボンベを業務従事者に【携行させる】ときは、【予備空気槽】を設けることを【要しない】

事業者は、潜水業務従事者に空気圧縮機により送気する場合には、送気する空気を清浄にするための装置のほか、潜水業務従事者が圧力調整器を使用するときは送気圧を計るための【圧力計】を、それ以外のときはその送気量を計るための【流量計】を設けなければならない

安全衛生教育

事業者は、労働者を【雇い入れた】ときは、当該労働者に対し、原則として、その従事する業務に関する安全又は衛生のための教育を行うこと

労働者の作業内容を【変更した】ときは、当該労働者に対し、原則として、その従事する業務に関する安全又は衛生のための教育を行うこと

事業者は、危険又は有害な業務で、厚生労働省令で定めるものに労働者を【つかせる】ときは、原則として、その従事する業務に関する安全又は衛生のための教育を行うこと

特別の教育

事業者は、次の業務に労働者を就かせるときは、当該労働者に対し、特別の教育を行うこと

- 作業室及び気こう室へ送気するための空気圧縮機を運転する業務
- 作業室への送気の調節を行うためのバルブ又はコックを操作する業務
- 気こう室への送気又は気こう室からの排気の調節を行うためのバルブ又はコックを操作する業務
- 【潜水作業者】への送気の調節を行うためのバルブ又はコックを操作する業務
- 【再圧室】を操作する業務
- 高圧室内業務

特別の教育は、業務に応じて、教育すべき事項について行うこと

業務	教育すべき事項
【作業室】への送気の調節を行うためのバルブ又はコックを操作する業務	①圧気工法の知識に関すること ②送気及び排気に関すること ③【高気圧障害】の知識に関すること ④関係法令 ⑤送気の調節の実技
【潜水作業者】への送気の調節を行うためのバルブ又はコックを【操作】する業務	①【潜水業務】に関する知識に関すること ②【送気】に関すること ③【高気圧障害】の知識に関すること ④【関係法令】 ⑤【送気の調節】の実技
【再圧室】を操作する業務	①【高気圧障害】の知識に関すること ②【救急再圧法】に関すること ③【救急そ生法】に関すること ④【関係法令】 ⑤【再圧室】の操作及び【救急そ生法】に関する実技

事業者は、特別教育の科目の全部又は一部について【十分な知識】及び【技能】を有していると認められる労働者については、当該科目についての特別教育を【省略】することができる

事業者は、特別教育を行なったときは、当該特別教育の受講者、科目等の記録を作成して、これを【3】年間保存すること

ガス分圧の制限 ※高圧則第27条（作業計画等の準用）の読み替えを準用

事業者は、酸素、窒素又は炭酸ガスによる潜水作業者の健康障害を防止するため、当該潜水作業者が吸入する時点の気体の分圧がそれぞれ定める分圧の範囲に収まるように、潜水作業者への送気、ボンベからの給気その他の必要な措置を講じること

①酸素	【18】kPa以上【160】kPa以下（ただし、潜水業務従事者が溺水しないよう必要な措置を講じて浮上を行わせる場合にあっては、【18】kPa以上【220】kPa以下とする）
②窒素	【400】kPa以下
③炭酸ガス	【0.5】kPa以下

作業の状況の記録等 ※高圧則第27条（作業計画等の準用）の読み替えを準用

事業者は、潜水業務を行う都度、作業計画に掲げる事項を記録した書類並びに当該潜水作業者の氏名及び【減圧の日時】を記載した書類を作成し、これらを【5】年間保存しなければならない

潜水業務に係る潜降、浮上等

事業者は、潜水作業者に浮上を行わせるときの浮上の速度は、毎分【10】m以下とする

事業者は、潜水業務従事者に圧力調整器を使用させる場合、潜水業務従事者ごとに、その水深の圧力下において毎分【40】L以上の送気を行うことができる空気圧縮機を使用し、かつ、送気圧をその水深の圧力に【0.7】MPaを加えた値以上とすること

事業者は、潜水業務従事者に携行させたボンベ（非常用のものを除く。）からの給気を受けさせるときは、次の措置を講じること

- 潜降直前に、潜水業務従事者に対し、当該潜水業務に使用するボンベの現に有する【給気能力】を知らせること
- 潜水業務従事者に異常がないかどうかを【監視するための者】を置くこと

事業者は、潜水業務従事者に圧力【1】MPa以上の気体を充塡したボンベからの給気を受けさせるときは、2段以上の減圧方式による圧力調整器を潜水業務従事者に使用させること

緊急浮上後、当該潜水業務従事者を再圧室に入れて加圧する場合の加圧の速度については、毎分【0.08】MPa以下の速度で行うこと

事業者は、潜水業務を行うときは、潜水業務従事者が潜降し、及び浮上するためのさがり綱を備え、これを潜水業務従事者に【使用させる】こと

事業者は、さがり綱には、【3】mごとに水深を表示する木札又は布等を取り付けておくこと

設備等の点検及び修理

事業者は、潜水業務を行うときは、【潜水前】に、次の各号に掲げる潜水業務に応じて、それぞれ当該各号に掲げる潜水器具を【点検】し、潜水作業者に危険又は健康障害の生ずるおそれがあると認めたときは、修理その他必要な措置を講じること

潜水業務	潜水器具
①【空気圧縮機】又は手押ポンプにより送気して行う潜水業務（ヘルメット式潜水）	【潜水器】、【送気管】、【信号索】、【さがり綱】及び【圧力調整器】
②【ボンベ】（潜水作業者に携行させたボンベを除く）からの給気を受けて行う潜水業務（全面マスク式潜水）	【潜水器】、【送気管】、【信号索】、【さがり綱】及び【圧力調整器】
③潜水作業者に【携行させたボンベ】からの給気を受けて行う潜水業務（スクーバ式潜水）	【潜水器】及び【圧力調整器】

事業者は、潜水業務を行うときは、次の各号に掲げる潜水業務に応じて、それぞれ当該各号に掲げる設備について、当該各号に掲げる期間ごとに【1】回以上点検し、潜水作業者に危険又は健康障害の生ずるおそれがあると認めたときは、修理その他必要な措置を講じること

①空気圧縮機又は手押ポンプにより送気して行う潜水業務	空気圧縮機又は手押ポンプは【1】週ごと
	空気清浄装置は【1】か月ごと
	水深計は【1】か月ごと
	水中時計は【3】か月ごと
	流量計は【6】か月ごと
②ボンベからの給気を受けて行う潜水業務	水深計は【1】か月ごと
	水中時計は【3】か月ごと
	ボンベは【6】か月ごと

事業者は、規定の点検を行ない、又は修理その他必要な措置を講じたときは、そのつど、その概要を記録して、これを【3】年間保存すること

第4章 関係法令

連絡員

事業者は、空気圧縮機若しくは手押ポンプにより送気して行う潜水業務又はボンベ(潜水作業者に携行させたボンベを除く。）からの給気を受けて行う潜水業務を行うときは、潜水業務従事者と連絡員を、潜水業務従事者【2人】以下ごとに【1人】置き、次の事項を行わせなければならない ・潜水業務従事者と【連絡】して、その者の【潜降】及び【浮上】を適正に行わせること ・潜水業務従事者への送気の調節を行うためのバルブ又はコックを操作する【業務に従事する者】と連絡して、潜水業務従事者に必要な量の空気を送気させること ・送気設備の故障その他の事故により、危険又は健康障害の生ずるおそれがあるときは、速やかに【潜水業務従事者】に連絡すること ・ヘルメット式潜水器を用いて行う潜水業務にあっては、【潜降直前】に当該潜水業務従事者のヘルメットがかぶと台に結合されているかどうかを確認すること

潜水業務における携行物等

事業者は、空気圧縮機若しくは手押ポンプにより送気して行う潜水業務又はボンベ(潜水作業者に携行させたボンベを除く。）からの給気を受けて行う潜水業務を行うときは、潜水作業者に、【信号索】、【水中時計】、【水深計】及び【鋭利な刃物】を携行させなければならない。ただし、潜水作業者と連絡員とが【通話装置】により通話することができることとしたときは、潜水作業者に【信号索】、【水中時計】及び【水深計】を【携行させない】ことができる
事業者は、潜水作業者に携行させたボンベからの給気を受けて行う潜水業務を行うときは、潜水作業者に、【水中時計】、【水深計】及び【鋭利な刃物】を携行させるほか、【救命胴衣】又は【浮力調整具】を着用させること

健康診断

事業者は、潜水業務に【常時従事する】労働者に対し、その雇入れの際、当該業務への配置替えの際及び当該業務についた後【6】か月以内ごとに【1】回、定期に、次の項目について、医師による健康診断を行なわなければならない ・【既往歴】及び【高気圧業務歴】の調査 ・関節、腰若しくは下肢の痛み、耳鳴り等の自覚症状又は他覚症状の有無の検査 ・【四肢】の運動機能の検査 ・【鼓膜】及び【聴力】の検査 ・【血圧】の測定並びに【尿中の糖】及び【蛋白】の有無の検査 ・【肺活量】の測定
事業者は、健康診断の結果に基づき、高気圧業務健康診断個人票を作成し、これを【5】年間保存しなければならない

高気圧業務健康診断の結果に基づく法律の規定による医師からの意見聴取は、次に定めるところにより行わなければならない ・高気圧業務健康診断が行われた日（当該労働者が健康診断の結果を証明する書面を事業者に提出した日）から【3】か月以内に行うこと ・聴取した医師の意見を高気圧業務健康診断個人票に記載すること
事業者は、【定期】の健康診断を行なったときは、遅滞なく、高気圧業務健康診断結果報告書を当該事業場の所在地を管轄する【労働基準監督署長】に提出すること

再圧室

事業者は、高気圧業務（潜水業務は、水深【10】m以上の場所におけるものに限る）を行うときは、高圧室内業務従事者又は潜水業務従事者について救急処置を行うため必要な再圧室を【設置】し、又は利用できるような【措置】を講じること
事業者は、必要のある者以外の者が再圧室を設置した場所及び当該再圧室を操作する場所に【立ち入ること】について、【禁止】する旨を見やすい箇所に【表示】することその他の方法により禁止するとともに、表示以外の方法により禁止したときは、当該場所が立入禁止である旨を見やすい箇所に表示しておかなければならない。
事業者は、再圧室を使用するときは、次に定めることを行う ・その日の使用を開始する前に、再圧室の送気設備、排気設備、通話装置及び警報装置の作動状況について点検し、異常を認めたときは、直ちに補修し、又は取り替えること ・加圧を行なうときは、【純酸素】を【使用しない】こと ・出入に必要な場合を除き、主室と副室との間の扉を閉じ、かつ、それぞれの内部の圧力を【等しく保つ】こと ・再圧室の操作を行なう者に加圧及び減圧の状態その他異常の有無について【常時監視】させること
事業者は、再圧室を使用したときは、【その都度】、加圧及び減圧の状況を記録した書類を作成し、これを【5】年間保存しなければならない
事業者は、再圧室については、設置時及びその後【1】か月をこえない期間ごとに、次の事項について点検し、異常を認めたときは、直ちに補修し、又は取り替えなければならない ・【送気設備】及び【排気設備】の作動の状況 ・【通話装置】及び【警報装置】の作動の状況 ・【電路】の漏電の有無 ・【電気機械器具】及び【配線】の損傷その他異常の有無
事業者は、規定により点検を行なったときは、その結果を記録して、これを【3】年間保存しなければならない。

事業者は、再圧室の内部に【危険物】その他発火若しくは【爆発】のおそれのある物又は【危険物】等を持ち込むことについて、禁止する旨を再圧室の【入口】に掲示することその他の方法により禁止するとともに、掲示以外の方法により禁止したときは、再圧室の内部への危険物等の持込みが禁止されている旨を再圧室の入口に掲示しておかなければならない。

➡ 免許証

事業者は、【潜水士】免許を受けた者でなければ、潜水業務につかせてはならない
潜水士免許は、次の者に対し、都道府県労働局長が与えるものとする ・潜水士免許試験に【合格した者】 ・その他厚生労働大臣が【定める者】
満【18】歳に満たない者は、潜水士免許を受けることができない
都道府県労働局長は、免許を受けた者が次のいずれかに該当するに至ったときは、その免許を取り消し、又は期間を定めてその免許の効力を停止することができる ・【故意】又は【重大な過失】により、当該免許に係る業務について【重大な事故】を発生させたとき ・免許証を他人に【譲渡】し、又は【貸与】したとき
免許証の交付を受けた者で、当該免許に係る業務に現に就いているもの又は就こうとするものは、これを【滅失】し、又は【損傷】したときは、免許証再交付申請書を免許証の【交付】を受けた【都道府県労働局長】又はその者の【住所】を管轄する【都道府県労働局長】に提出し、免許証の【再交付】を受けなければならない
免許証の交付を受けた者で、【氏名】を【変更】したときは、免許証書替申請書を免許証の交付を受けた【都道府県労働局長】又はその者の【住所】を管轄する【都道府県労働局長】に提出し、免許証の【書替え】を受けなければならない
免許の取消しの処分を受けた者は、【遅滞なく】、免許の取消しをした都道府県労働局長に免許証を【返還】しなければならない

➡ 譲渡等の制限等

【再圧室】及び【潜水器】は、厚生労働大臣が定める規格又は安全装置を具備しなければ、【譲渡】し、【貸与】し、又は【設置】してはならない

索引

索引

本書に関する問い合わせについて

本書の内容で分からないことがありましたら、必要事項を明記の上、メール又はFAXにて下記までお問い合わせ下さい。

※電話でのお問合せは、受け付けておりません。

※回答まで時間がかかる場合があります。ご了承ください。

※必要事項に記載漏れがある場合、問合せにお答えできない場合がありますのでご注意ください。

※お問い合わせは、本書の内容に限ります。試験の詳細や実施時期等については公益財団法人 安全衛生技術試験協会のHPを御覧ください。

※キャリアメールをご使用の場合、受信設定を必ず行なってご連絡ください。

潜水士試験
まるわかりテキスト＆問題集
令和５年版

定価2,420円／送料300円（共に税込）

■発行日　令和５年６月　　初版

■発行所　株式会社　公論出版
〒110－0005
東京都台東区上野３－１－８
TEL：03-3837-5730（代表）
HP：https://www.kouronpub.com/